科学出版社重大出版项目

环境暴露与人群健康丛书

典型行业化学物质绿色分级技术

于云江 等 著

科学出版社
北京

内 容 简 介

本书分为 6 章。第 1 章介绍了我国有毒有害化学物质管理与替代现状，提出了构建化学物质绿色分级技术的必要性和背景；第 2 章主要概述了我国、欧美发达国家以及国际组织等国内外化学物质绿色分级相关技术现状；第 3 章主要介绍了典型行业化学物质清单构建的方法，并以涂料行业为例，依据筛选原则，整合相关信息，建立了该行业化学物质清单和数据库；第 4 章介绍了化学物质危害终点的指标体系及其关注度分级方法，并对涂料行业化学物质进行了危害终点关注度分级；第 5 章介绍了化学物质绿色等级判定方法及其不确定性，开展了涂料行业化学物质的绿色分级，提出了该行业推荐使用的化学物质清单；第 6 章梳理了现有化学物质绿色分级技术的局限性以及未来发展趋势。

本书可供从事化学物质筛选、风险评估、绿色替代等方面科研与管理人员和相关领域研究生参考阅读。

图书在版编目（CIP）数据

典型行业化学物质绿色分级技术 / 于云江等著. -- 北京：科学出版社, 2025. 3. -- (环境暴露与人群健康丛书). -- ISBN 978-7-03-081774-7

Ⅰ. X131

中国国家版本馆 CIP 数据核字第 2025VL3875 号

责任编辑：杨　震　刘　冉／责任校对：杜子昂
责任印制：赵　博／封面设计：北京图阅盛世

科 学 出 版 社 出版
北京东黄城根北街 16 号
邮政编码：100717
http://www.sciencep.com

北京建宏印刷有限公司印刷
科学出版社发行　各地新华书店经销

*

2025 年 3 月第 一 版　　开本：720×1000　1/16
2025 年 6 月第二次印刷　　印张：7
字数：140 000
定价：98.00 元
（如有印装质量问题，我社负责调换）

丛书编委会

顾　　问：魏复盛　陶　澍　赵进才　吴丰昌
总 主 编：于云江
编　　委：（以姓氏汉语拼音为序）
　　　　　安太成　陈景文　董光辉　段小丽　郭　杰
　　　　　郭　庶　李　辉　李桂英　李雪花　麦碧娴
　　　　　向明灯　于云江　于志强　曾晓雯　张效伟
　　　　　郑　晶
丛书秘书：李宗睿

《典型行业化学物质绿色分级技术》

著 者 名 单

于云江　刘　芸　李　潍　涂　铿

陈希超　赵　旭

丛 书 序

近几十年来，越来越多的证据表明环境暴露与人类多种不良健康结局之间存在关联。2021年《细胞》杂志发表的研究文章指出，环境污染可通过氧化应激和炎症、基因组改变和突变、表观遗传改变、线粒体功能障碍、内分泌紊乱、细胞间通信改变、微生物组群落改变和神经系统功能受损等多种途径影响人体健康。《柳叶刀》污染与健康委员会发表的研究报告显示，2019年全球约有900万人的过早死亡归因于污染，相当于全球死亡人数的1/6。根据世界银行和世界卫生组织有关统计数据，全球70%的疾病与环境污染因素有关，如心血管疾病、呼吸系统疾病、免疫系统疾病以及癌症等均已被证明与环境暴露密切相关。我国与环境污染相关的疾病近年来呈现上升态势。据全球疾病负担风险因素协作组统计，我国居民疾病负担20%由环境污染因素造成，高于全球平均水平。环境污染所导致的健康危害已经成为影响全球人类发展的重大问题。

欧美发达国家自20世纪60年代就成立了专门机构开展环境健康研究。2004年，欧洲委员会通过《欧洲环境与健康行动计划》，旨在加强成员国在环境健康领域的研究合作，推动环境风险因素与疾病的因果关系研究。美国国家研究理事会（NRC）于2007年发布《21世纪毒性测试：远景与策略》，通过科学导向，开展系统的毒性通路研究，揭示毒性作用模式。美国国家环境健康科学研究所（NIEHS）发布的《发展科学，改善健康：环境健康研究计划》重点关注暴露、暴露组学、表观遗传改变以及靶点与通路等问题；2007年我国卫生部、环保部等18个部委联合制订了《国家环境与健康行动计划》。2012年，环保部和卫生部联合开展"全国重点地区环境与健康专项调查"项目，针对环境污染、人群暴露特征、健康效应以及环境污染健康风险进行了摸底调查。2016年，党中央、国务院印发了《"健康中国2030"规划纲要》，我国的环境健康工作日益受到重视。

环境健康研究的目标是揭示环境因素影响人体健康的潜在规律，进而通过改善生态环境保障公众健康。研究领域主要包括环境暴露、污染物毒性、健康效应以及风险评估与管控等。在环境暴露评估方面，随着质谱等大型先进分析仪器的有效利用，对环境污染物的高通量筛查分析能力大幅提升，实现了多污染物环境暴露的综合分析，特别是近年来暴露组学技术的快速发展，对体内外暴露水平进行动态监测，揭示混合暴露的全生命周期健康效应。针对环境污染低剂量长期暴露开展暴露评估模型和精细化暴露评估也成为该领域的新的研究方向；在环境污染物毒理学方面，高通量、低成本、预测能力强的替代毒理学快速发展，采用低等动物、体外试验和非生物手段的毒性试验替代方法成为毒性测试的重要方面，解析污染物毒性作用通路，确定生物暴露标志物正成为该领域研究热点，通过这些研究可以大幅提高污染物毒性的筛查和识别能力；在环境健康效应方面，近年来基因组学、转录组学、代谢组学和表观遗传学等的快速发展为探索易感效应生物标志物提供了技术支撑，有助于理解污染物暴露导致健康效应的分子机制，探寻环境暴露与健康、疾病终点之间的生物学关联；在环境健康风险防控方面，针对不同暴露场景开展环境介质-暴露-人群的深入调查，实现暴露人群健康风险的精细化评估是近年来健康风险评估的重要研究方向；同时针对重点流域、重点区域、重点行业、重点污染物开展环境健康风险监测，采用风险分区分级等措施有效管控环境风险也成为风险管理技术的重要方面。

环境健康问题高度复杂，是多学科交叉的前沿研究领域。本丛书针对当前环境健康领域的热点问题，围绕方法学、重点污染物、主要暴露类型等进行了系统的梳理和总结。方法学方面，介绍了现代环境流行病学与环境健康暴露评价技术等传统方法的最新研究进展与实际应用，梳理了计算毒理学和毒理基因组学等新方法的理论及其在化学品毒性预测评估和化学物质暴露的潜在有害健康结局等方面的内容，针对有毒有害污染物，系统研究了毒性参数的遴选、收集、评价和整编的技术方法；重点污染物方面，介绍了大气颗粒物、挥发性有机污染物以及阻燃剂和增塑剂等新污染物的暴露评估技术方法和主要健康效应；针对典型暴露场景，介绍了我国电子垃圾拆解活动污染物的排放特征、暴露途径、健康危害和健康风险管控措施，系统总结了污染场地土壤和地下水的环境健康风险防控技术方面的创新性成果。

近年来环境健康相关学科快速发展，重要研究成果不断涌现，亟须开展从环境暴露、毒理、健康效应到风险防控的全链条系统梳理，这正是本丛书编撰出版的初衷。"环境暴露与人群健康丛书"以科技部、国家自然科学基金委员会、生态环境部、卫生健康委员会、教育部、中国科学院等重点支持项目研究为基础，汇集了来自我国科研院所和高校环境健康相关学科专家学者的集体智慧，系统总结了环境暴露与人群健康的新理论、新技术、新方法和应用实践。其成果非常丰富，可喜可贺。我们深切感谢丛书作者们的辛勤付出。冀望本丛书能使读者系统了解和认识环境健康研究的基本原理和最新前沿动态，为广大科研人员、研究生和环境管理人员提供借鉴与参考。

2022 年 10 月

前　言

化学物质绿色分级技术是开展风险分级管控的基础，是引导企业开展绿色替代的重要技术手段。欧美发达国家和国际组织逐步构建了化学物质替代品评估技术，提出替代品评估的框架程序，构建评估指标体系并开展评估，但其缺乏对化学物质从健康危害、生态毒性、环境归趋到全球环境影响的完整、系统的绿色分级技术。此外，现有技术还存在判定依据不统一等问题，导致同一物质的分级结果不尽一致，进而影响了方法的推广应用。近年来，我国在化学物质信息调查与危害评估方面取得不少成果，为开展化学物质风险分级管控提供了重要参考。然而，由于缺乏适用于我国化学物质绿色分级的指标体系与判定依据，现阶段，针对行业使用的化学物质无法进行科学统一的绿色分级，企业在替代进程中难以选择更安全的化学物质原料，影响风险管控成效。

本书系统梳理了国内外化学物质绿色分级相关技术框架、标准、指标体系、判定依据与模型工具，构建化学物质绿色分级的危害终点指标体系，并提出了基于危害终点的关注度分级以及绿色等级判定方法。该方法适用于不同行业、不同用途的化学物质，可为行业企业筛选安全可靠的替代品提供技术方法，进而为不同行业提供更安全化学物质推荐清单，对支撑我国工业企业环境风险源头控制和绿色转型具有重要意义。本书将建立的化学物质绿色分级技术应用于涂料行业，明确了涂料行业在不同功能用途下化学物质绿色等级状况，构建了涂料行业推荐使用的化学物质清单。

本书旨在为工业企业选择更加环境友好的替代品提供技术方法。由于绿色分级评估涉及不同学科，且相关技术还在不断发展中，本书难免存在不足之处，请读者批评指正。

于云江

2025 年 1 月于广州

目　录

丛书序
前言
第1章　化学物质绿色分级背景、目的及必要性 ·· 1
  1.1　背景 ··· 1
  1.2　目的 ··· 2
  1.3　必要性 ··· 2
  参考文献 ··· 3
第2章　国内外化学物质绿色分级相关技术概况 ··· 4
  2.1　欧美等发达国家化学物质绿色分级相关技术现状 ··· 5
      2.1.1　美国 ··· 5
      2.1.2　德国 ··· 13
      2.1.3　其他发达国家 ··· 17
  2.2　国际组织化学物质绿色分级相关技术现状 ··· 18
      2.2.1　经济合作与发展组织（OECD）替代品选择方法 ······························ 18
      2.2.2　欧盟 ··· 20
      2.2.3　其他国际组织 ··· 21
  2.3　我国化学物质绿色分级相关技术现状 ··· 21
第3章　典型行业化学物质清单构建 ··· 23
  3.1　典型行业化学物质清单来源 ··· 23
      3.1.1　数据库及公开报道 ··· 23
      3.1.2　行业与企业资料 ··· 28
      3.1.3　文献检索 ··· 29
  3.2　化学物质清单信息整合 ··· 29
      3.2.1　清单信息处理 ··· 30
      3.2.2　清单信息补充 ··· 31
  3.3　案例分析：涂料行业化学物质清单构建 ··· 31
      3.3.1　涂料行业化学物质清单来源 ··· 32
      3.3.2　涂料行业化学物质清单信息整合 ··· 33
      3.3.3　涂料行业化学物质清单 ··· 34

第4章 化学物质危害终点指标体系与关注度分级 40
  4.1 化学物质危害终点指标体系 40
  4.2 化学物质危害信息收集与处理 44
    4.2.1 GHS 分类信息 45
    4.2.2 REACH 来源信息 47
    4.2.3 实验数据 47
    4.2.4 预测数据 50
  4.3 化学物质危害终点关注度分级 52
    4.3.1 人体健康危害分级 52
    4.3.2 生态毒性分级 60
    4.3.3 环境持久性、生物蓄积性和迁移性分级 61
    4.3.4 全球环境影响分级 62
  4.4 案例分析：涂料行业化学物质危害终点关注度分级 64
    4.4.1 涂料行业关注的危害终点指标 64
    4.4.2 涂料行业化学物质危害数据收集与处理 64
    4.4.3 涂料行业化学物质危害终点关注度分级 68

第5章 化学物质绿色分级表征 70
  5.1 绿色等级判定 71
  5.2 绿色分级结果 74
  5.3 不确定性分析 75
  5.4 案例分析：涂料行业化学物质绿色分级 75
    5.4.1 涂料行业绿色等级判定指标分组 75
    5.4.2 化学物质绿色分级结果 75
    5.4.3 推荐使用化学物质清单 80

第6章 展望 83
附录A 不同国家化学物质数据库与报告内容 84
附录B 化学物质功能类别 92

第1章 化学物质绿色分级背景、目的及必要性

近年来随着工业快速发展，化学品的种类、数量急剧增加，用途也日益广泛，工业生产使用的有毒有害化学物质普遍存在于空气、水、土壤和食物链中，通过不同途径进入人体及动植物体内，对人体健康和生态环境构成极大威胁[1]。为减少有毒有害化学物质对人体健康和生态环境的危害，世界各地都引入了"替代"的概念，提出各类政策、管控措施和可持续化学品的行业管理倡议。随着化学物质的管控措施愈发严格，企业开始逐步寻找危害更小的化学物质，来取代产品或工艺过程中所用的有毒有害化学物质[2]。开展有毒有害化学物质的替代工作，其核心是开展化学物质绿色分级，选择既安全又具有良好性能的替代品。因此，制定绿色分级技术方法，提出推荐使用的化学物质清单，对于更好地保护我国人群身体健康和生态环境具有重要的意义。

1.1 背 景

20 世纪 70 年代，为应对环境保护法监管，美国化工行业企业通过安装污染控制和废物处理装置等末端减排途径，减少污染物排放，但随着美国环保署（U.S. Environmental Protection Agency，USEPA）发布的《清洁水法案》（Clean Water Act，CWA）和《清洁大气法案》（Clean Air Act，CAA）等管控措施愈发严格，仅靠末端减排已经无法达到监管要求，企业不得不寻找危害更小的物质取代现用的有毒有害化学物质[3]。在"替代"概念提出后，欧盟《化学品注册、评估、许可和限制》（Registration, Evaluation, Authorization and Restriction of Chemicals，REACH）法规、USEPA 和职业安全与健康管理局（National Institute of Occupational Safety and Health，OSHA）均将替代有毒有害化学物质作为化学品管理政策的核心内容之一[4]。近些年来，"遗憾的替代"事件频发，即替代品被发现具有同样甚至更高毒性。例如，在 19 世纪初，Thomas Midgley 发明了一种不易燃、无毒的制冷剂氯氟烃（chlorofluorocarbons，CFC），极大程度提高了空调系统的安全性，但十年后由于该物质被发现对臭氧层具有破坏作用而被列入《蒙特利尔议定书》限制清单。随后氢氟碳化物（hydrofluorocarbons，HFCs）成为 CFC 制冷剂最常见的替代品，

不久后的研究发现 HFCs 具有全球变暖潜力，因而在 2016 年的《蒙特利尔议定书》最新修正案要求逐步淘汰 HCFs 制冷剂[5]；20 世纪 90 年代，1-溴丙烷被用作致癌溶剂（如二氯甲烷、三氯甲烷等）的替代品，由于对其毒性评估不足，随后出现了工人的严重神经毒性反应，1-溴丙烷也于 2014 年列入"预期人类致癌物"[6]。除此之外，较为广为人知的"遗憾的替代"还包括双酚 A（Bisphenol A, BPA）的替代品双酚 S（Bisphenol S, BPS）、双酚 F（Bisphenol F, BPF）、双酚 P（Bisphenol P, BPP）等[7]。

化学物质替代常由企业发起，主要针对生产工艺中使用到的有毒有害化学物质来寻找用途和性能匹配的替代品，较少关注化学物质的危害特性，现有危害特性的相关研究也仅仅集中于单一终点，由此容易造成"遗憾替代"的发生。综合判断化学物质的整体危害特性，开展行业化学物质绿色分级，推动有毒有害化学物质绿色替代，是有效支撑化学物质风险管控与工业绿色发展的重要举措。

1.2 目　　的

为了选择典型行业更安全的替代品，实现工业行业绿色转型，保障人体健康和生态安全，围绕化学物质的健康危害、生态毒性和环境归趋等固有危害属性，构建化学物质绿色分级技术方法。通过典型行业化学物质确定、危害终点关注度分级和绿色分级表征等技术的研发，为典型行业开展有毒有害化学物质绿色替代提供技术支撑。

1.3 必　要　性

推动典型行业实现有毒有害化学物质绿色替代，需要基于行业特征的更安全化学物质清单，目前缺乏行业化学物质清单构建的技术方法，使得工业行业尚无法构建基于绿色分级的推荐使用化学物质清单，企业在替代进程中难以选择更安全的化学物质原料。因此，亟须构建典型行业化学物质绿色分级方法，为行业企业筛选安全可靠的替代品提供科学依据。

我国现有替代品评估技术发展处于起步阶段，目前发布的相关标准，如《绿色产品评价通则》（GB/T 33761—2017）等，缺乏对环境和健康危害的考量，导致企业往往仅以满足工业性能和减少资源能源消耗为目的来选择替代品，造成替代品仍然存在较为严重的环境和健康风险；即便关注了替代品的相关毒性，也仅仅局限于较为单一的危害终点，如致癌性等，难以全面评估替代品的毒害特征。因此，亟须建立化学物质绿色分级指标体系，构建综合、科学的化学物质绿色分级表征方法，以破解"污染→替代→再污染"这一难题，支撑我国工业企业环境风险源头控制和绿色转型。

参 考 文 献

[1] Li D, Suh S. Health risks of chemicals in consumer products: A review [J]. Environment International, 2019, 123: 580-587.

[2] Boer D J, Stapleton H M. Toward fire safety without chemical risk [J]. Science, 2019, 364(6437): 231-232.

[3] Fantke P, Illner N. Goods that are good enough: Introducing an absolute sustainability perspective for managing chemicals in consumer products [J]. Current Opinion in Green and Sustainable Chemistry, 2019, 15: 91-97.

[4] Fantke P, Weber R, Scheringer M. From incremental to fundamental substitution in chemical alternatives assessment [J]. Sustainable Chemistry and Pharmacy, 2015, 1: 1-8.

[5] Sultana R S, Easir A K, Orakotch P, et al. A perspective on hazardous chemical substitution in consumer products [J]. Current Opinion in Chemical Engineering, 2022, 36: 100748.

[6] Jacobs M M, Malloy T F, Tickner J A, et al. Alternatives assessment frameworks: Research needs for the Iinformed substitution of hazardous chemicals [J]. Environmental Health Perspectives, 2016, 124 (3): 265-280.

[7] Qadeer A, Kirsten K L, Ajmal Z, et al. Alternative plasticizers as emerging global environmental and health threat: Another regrettable substitution? [J]. Environmental Science & Technology, 2022, 56 (3): 1482-1488.

第 2 章　国内外化学物质绿色分级相关技术概况

21 世纪初至今,欧美发达国家和国际组织/经济共同体逐步构建了化学物质替代品评估技术(如图 2.1 所示)。同时,随着对化学物质危害认知的不断提升,替代品评估技术也由最初的体系框架不断发展,构建了替代品评估指标体系和配套工具,这些方法为绿色分级技术体系提供了重要参考和有益借鉴。

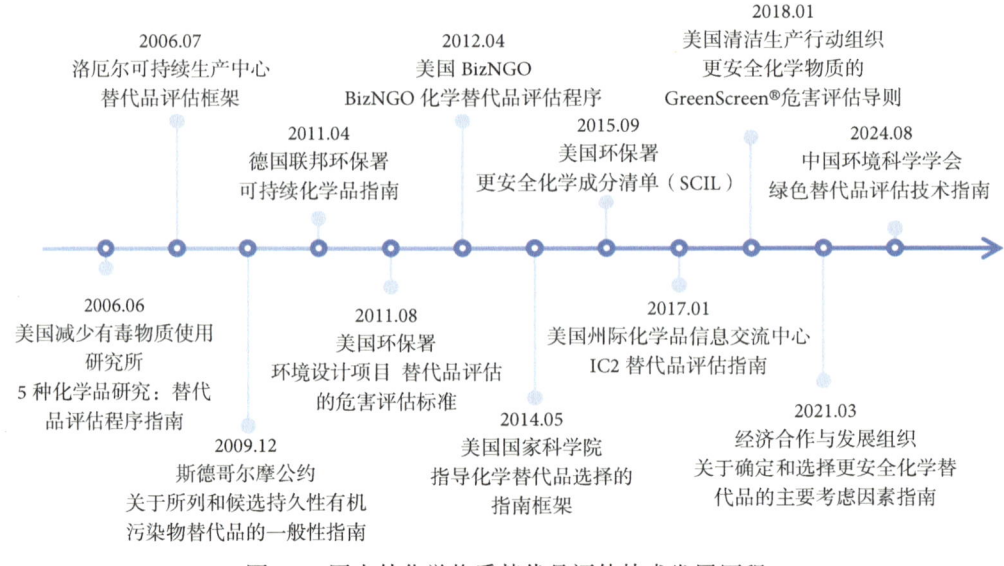

图 2.1　国内外化学物质替代品评估技术发展历程

21 世纪初期,发达国家针对化学物质替代品评估开展了框架性研究,明确了将危害评估作为替代品的初筛依据。2006 年 6 月,美国减少有毒物质使用研究所(The Toxics Use Reduction Institute, TURI)发布了《5 种化学品研究:替代品评估程序指南》,提出化学物质替代品评估需要考虑的四个方面(技术性能、经济、环境、人体健康安全),并要求在开展替代品评估前,需基于化学物质危害进行分级和初筛。同年 7 月,美国洛厄尔可持续生产中心发布了《替代品评估框架》,首次提出替代品评估的完整框架流程,以危害评估、性能和经济可行性评估、全生命周期评估和暴露评估为关键步骤,明确提出将危害评估结果作为替代品初筛依据,为替代品评估技术发展奠定了良好基础。

2011年起，替代品评估技术进入快速发展阶段，发达国家开始逐步完善化学物质的替代品评估方法，构建分级指标体系，其中美国环保署（U.S. Environmental Protection Agency, USEPA）和德国联邦环保署（Germany Federal Environmental Agency, FEA）发布的分级方法具有较强的代表性和完整性，细化了分级指标体系，包括一级和二级危害终点指标。从2017年起，研究机构开发了化学物质替代品评估的配套工具、数据库，补充了化学物质指标分级标准。美国清洁生产行动组织（Clean Product Action, CPA）于2018年开发了绿色筛选（GreenScreen）方法，辅助USEPA筛选了更安全化学物质，该方法已成为USEPA认可的化学物质替代品评估方法。

以下将综述国内外现有化学物质绿色分级相关技术方法，总结相关领域的研究进展。

2.1 欧美等发达国家化学物质绿色分级相关技术现状

2.1.1 美国

1. USEPA替代品评估相关技术

为了让制造业企业在设计新产品和新工艺时，全面考虑化学物质的人体健康、生态环境、社会经济和产品性能等多方面因素影响，USEPA于20世纪90年代初启动了"环境设计（Design for the Environment, DfE）"项目，并于90年代末开始强调关注和寻找更安全的化学物质。依托DfE项目，USEPA于2011年8月发布《环境设计项目 替代品评估的危害评估标准》（以下简称《标准》），随后，基于《标准》中的方法进一步对化学物质进行分级，推出"更安全化学成分清单"（Safer Chemical Ingredients List, SCIL），指导企业选择更安全的化学物质成分。

《标准》规定了基于化学物质危害终点开展替代品评估的方法，构建了一套包含九大类人体健康效应（急性毒性、致癌性、致畸/致突变性、生殖/发育毒性、神经毒性、重复剂量毒性、呼吸道和皮肤致敏性、眼部和皮肤刺激性/腐蚀性和内分泌干扰活性）、三大类环境归趋和生态毒性（水生毒性、环境持久性和生物蓄积性）以及一些附加危害的终点指标体系，具体指标如图2.2所示，除了前述明确需要纳入评估的危害终点，USEPA还指出了一些可以纳入考量的其他终点，包括家畜毒性、表观遗传毒性、环境迁移性、影响臭氧形成、富营养化、全球变暖潜力、免疫毒性等。《标准》要求针对所有相关暴露途径进行数据收集和危害终点分级，考虑的暴露途径包括经口、经皮肤和吸入暴露,以及经胎盘运输、哺乳转移和腹腔内或皮下注射等。数据使用过程中需遵循 USEPA 的 HPV 挑战计划(HPV Challenge Program)数据充分性指南要求,优先使用不良效应水平/浓度(No Observed Adverse Effect Level / Concentration, NOAEL/NOAEC)和最低有效应水平/浓度(Lowest Observed Adverse Effect Level / Concentration, LOAEL/LOAEC),在有可行性和适当性评估的前提下,也可使用基准剂量模拟结果。《标准》明确要求当危害终点的数据缺失时,使用经济合作与发展组织(Organization for Economic Co-operation and Development, OECD)推荐的标准测试指南(表 2.1)开展高质量试验来补充数据,以保证评估结果的可信度。

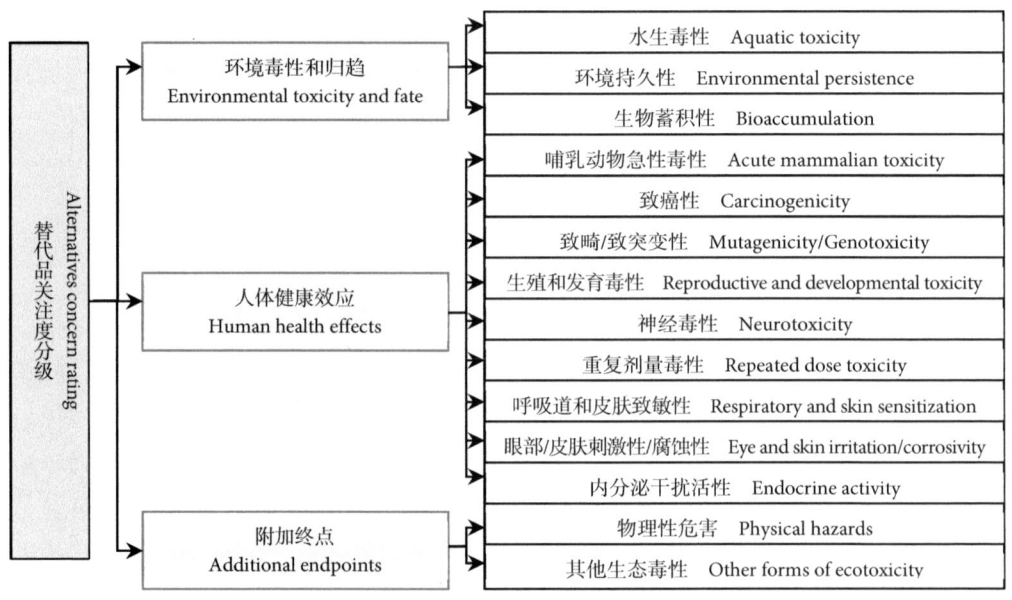

图 2.2 USEPA 替代品评估危害评估指标体系

表 2.1 相关危害终点测试方法(OECD)

危害终点	OECD 测试指南
哺乳动物急性毒性	OECD 测试指南 420:急性口服毒性-固定剂量法 OECD 测试指南 423:急性口服毒性-急性毒性阶层法 OECD 测试指南 425:急性口服毒性-上下增减剂量法 OECD 测试指南 402:急性经皮毒性试验 OECD 测试指南 403:急性吸入毒性试验
致癌性	OECD 测试指南 451:致癌性试验 OECD 测试指南 453:慢性毒性与致癌性联合试验
致突变性/遗传毒性	OECD 测试指南 471:细菌回复突变试验

续表

危害终点	OECD 测试指南
致突变性/遗传毒性	OECD 测试指南 473：体外哺乳动物细胞染色体畸变试验 OECD 测试指南 474：哺乳动物红细胞微核试验 OECD 测试指南 475：哺乳动物骨髓染色体畸变试验 OECD 测试指南 476：体外哺乳动物细胞基因突变试验 OECD 测试指南 483：哺乳动物精原细胞染色体畸变试验
生殖和发育毒性	生殖毒性： OECD 测试指南 415：一代繁殖毒性试验 OECD 测试指南 416：两代繁殖毒性试验 OECD 测试指南 422：重复染毒毒性试验合并生殖/发育毒性筛选试验 发育毒性： OECD 测试指南 414：孕期发育毒性试验 OECD 测试指南 421：生殖/发育毒性筛选试验 OECD 测试指南 422：重复染毒毒性试验合并生殖/发育毒性筛选试验 OECD 测试指南 426：神经发育毒性试验
神经毒性	OECD 测试指南 424：啮齿类动物神经毒性试验
重复剂量毒性	OECD 测试指南 408：啮齿类动物亚慢性（90 天）经口毒性试验 OECD 测试指南 409：非啮齿类动物重复染毒 90 天经口毒性试验 OECD 测试指南 411：亚慢性经皮毒性：90 天试验 OECD 测试指南 413：亚慢性吸入毒性：90 天试验 OECD 测试指南 407：啮齿类动物重复染毒 28 天经口毒性试验 OECD 测试指南 410：反复经皮毒性：21 天或 28 天试验 OECD 测试指南 412：亚急性吸入毒性：28 天试验 OECD 测试指南 422：重复染毒毒性试验合并生殖/发育毒性筛选试验
皮肤致敏性	OECD 测试指南 406：皮肤致敏试验 OECD 测试指南 429：皮肤致敏性：局部淋巴结实验
水生毒性	OECD 测试指南 203：鱼类急性毒性试验 OECD 测试指南 202：第一部分 溞类急性活动抑制试验 OECD 测试指南 201：藻类生长抑制试验 OECD 测试指南 204：鱼类长期毒性试验：14 天试验 OECD 测试指南 210：鱼类早期生活阶段毒性试验 OECD 测试指南 212：鱼类胚胎-卵黄囊吸收阶段的短期毒性试验 OECD 测试指南 215：鱼类幼体生长试验 OECD 测试指南 229：鱼类短期繁殖试验 OECD 测试指南 230：雌激素和雄激素活性以及芳香化酶抑制性的短期筛选试验 OECD 测试指南 211：大型溞繁殖试验 OECD 测试指南 221：浮萍生长抑制试验
环境持久性	OECD 测试指南 301：快速生物降解试验（A-F） OECD 测试指南 310：快速生物降解-密闭容器 CO_2 试验 OECD 测试指南 303A：好氧污水处理：活性污泥装置试验 OECD 测试指南 309：模拟生物降解实验：地表水好氧矿化研究 OECD 测试指南 314：废水排放的化学物质生物降解模拟试验
生物蓄积性	OECD 测试指南 305：生物富集-流水式鱼类试验

基于国际公认、用于描述化学危害终点的筛选信息数据集（screening information data set，SIDS）和全球化学品分类和标签协调系统（the harmonized system for the classification and labeling of chemicals，GHS），《标准》对大部分终点定义了"高"、"中"和"低"关注度等级的分级标准，危害终点分级可基于 GHS 方法和权威清单 2 种方法，表 2.2 和表 2.3 以哺乳动物急性毒性为例展示了 2 种分级方法。《标准》还指出，为了全面确定化学物质的总体危害潜力，在有相关研究信息或数据［如吸收、分布、代谢和排泄（absorption, distribution, metabolism and excretion, ADME）数据］的情况下，除了化学物质本身，还需要考虑化学物质降解或代谢为具有降解缓慢、生物累积或高毒性转化产物的可能性。

表 2.2　USEPA 基于 GHS 方法的危害终点分级（以哺乳动物急性毒性为例）

终点类型	极高关注度	高关注度	中关注度	低关注度	极低关注度
经口 LD_{50}（mg/kg）	≤50	>50~300	>300~2000	>2000	—
经皮肤 LD_{50}（mg/kg）	≤200	>200~1000	>1000~2000	>2000	—
经呼吸 LC_{50}（蒸气/气体）（mg/L）	≤2	>2~10	>10~20	>20	—
经呼吸 LC_{50}（灰尘/烟雾/烟尘）[mg/(L·d)]	≤0.5	>0.5~1.0	>1.0~5	>5	—

表 2.3　USEPA 基于权威清单的危害终点分级（以哺乳动物急性毒性为例）

权威清单	关注度级别	权威清单筛选依据
EU 风险 R 分类	极高关注度	R26：吸入剧毒；R27：皮肤接触剧毒；R28：吞入剧毒
EU CLP 分类	极高关注度	H300：吞咽致命；H310：皮肤接触致命；H330：吸入致命
EU CLP 分类	高关注度	H301：吞咽有毒；H311：皮肤接触有毒；H331：吸入有毒
EU CLP 分类	中关注度	H302：吞咽有害；H312：皮肤接触有害；H332：吸入有害
EU 风险 R 分类	极高和高关注度	R23：吸入有毒；R24：与皮肤接触有毒；R25：吞入有毒
EU 风险 R 分类	高和中关注度	R20：吸入有害；R21：与皮肤接触有害；R22：吞入有害

USEPA 基于《标准》中规定的危害终点分级方法，将化学物质分为 4 级，分别表示为绿色圆圈、绿色半圆、黄色三角和灰色矩形，其中绿色圆圈和绿色半圆的化学物质被验证关注度较低，是推荐使用的化学物质；黄色三角是指符合某一成分类别的更安全选择标准，但存在一些危害特性；灰色矩形是指该化学物质不符合更安全选择标准，各个分级的含义如表 2.4 所示。2015 年，USEPA 基于分

级方法发布 SCIL，截至目前已经评估了 1879 种化学物质，所涉功能包括杀菌剂、螯合剂、着色剂、消泡剂等 16 种。SCIL 可以指导企业使用更安全的化学物质、消费者选择含有更安全化学物质成分的产品，也可以通过分级结果指导绿色化学物质设计。例如，USEPA 发现列入 SCIL 的更安全表面活性剂均是包含不同链长、分支以及不同乙氧基（ethoxy, EO）和丙氧基（propoxy, PO）基团数量的混合物，说明具有这类结构特征的化学物质具有水生毒性低、生物降解速率快的特点。化学物质危害评估技术在一定程度上推进了美国有毒有害化学物质更安全替代进程。

表 2.4　USEPA 更安全化学成分清单（SCIL）的分级符号及含义

分级符号	分级含义
绿色圆圈	根据实验和建模数据，该化学品已被验证为低关注度
绿色半圆	根据实验和建模数据，该化学品预计关注度较低，需要额外数据进一步证实
黄色三角	该化学品符合其功能成分类别的更安全选择标准，但存在一些危害特性
灰色矩形	这种化学品可能不是"更安全选择"标签候选的产品，需要向 USEPA 提供进一步信息，否则该替代品将在 12 个月后从清单中删除

2. CPA 的绿色筛选相关技术和工具

为了提供一个完全透明的危害评估和绿色筛选工具，CPA 于 2007 年成立更安全化学物质的绿色筛选（GreenScreen® for Safer Chemicals）项目组，并于 2018 年发布《更安全化学物质的 GreenScreen®危害评估导则》（以下简称"GreenScreen"）。相比 USEPA 的《标准》和 SCIL，GreenScreen 构建了更透明、更完整和更细化的化学物质危害评估技术方法，适用于制造商供应链的任何阶段，用于解决供应链中由于化学物质危害造成的复杂问题，也用于评估在生产工艺或工作场所中使用某种化学物质可能造成的危害。GreenScreen 已被 USEPA 认可，作为化学物质危害评估的推荐方法。GreenScreen 的化学物质危害评估流程如图 2.3 所示，包括目标化学物质识别与数据收集、危害终点分类、转化产物识别与评估和分配基准分数（Benchmark）。

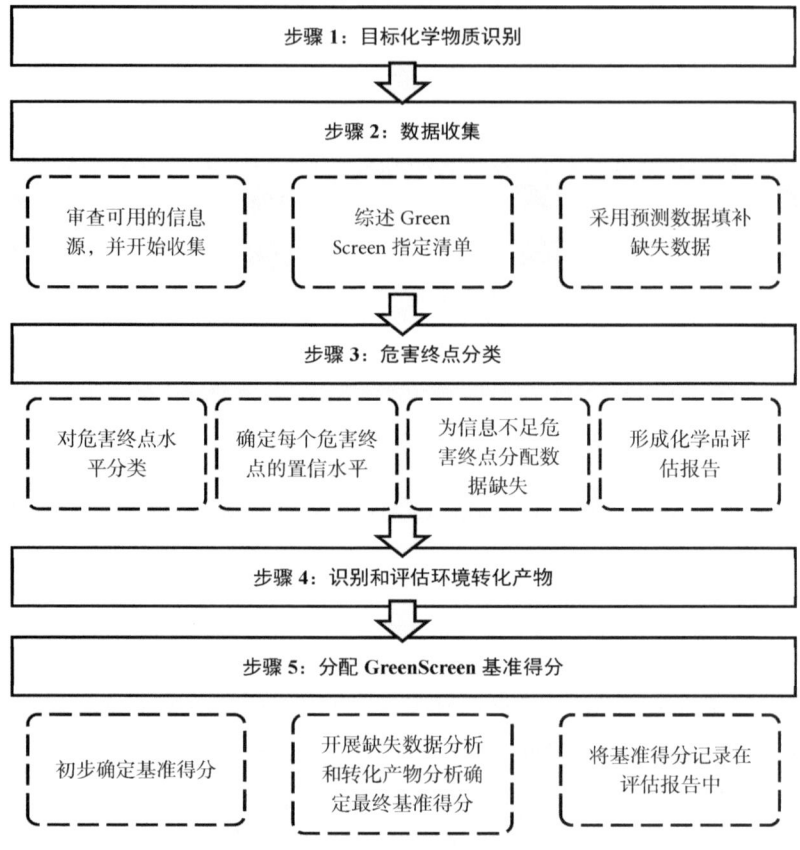

图 2.3 GreenScreen 危害评估程序

1）目标化学物质识别与数据收集

在确认需要评估和分级的化学物质后，先明确其 CAS 号和化学结构，作为后续数据收集和预测的基础。全面收集化学物质的毒理学数据，包括经过同行评审的数据［如国际癌症研究机构（International Agency for Research on Cancer, IARC）专著、政府风险评估报告和权威毒理学数据库］、文献数据、未公开数据、安全数据表中的数据等。当无法收集到现有数据时，也可采用预测模型填补缺失，GreenScreen 推荐使用 EPISuite（物理化学性质和环境归趋预测模型）、ECOSAR（化学物质急慢性水生毒性 QSAR 模型）、ONCOLOGIC（化学物质致癌潜力预测模型）和其他预测质量较高的模型（如 OECD QSARToolBox）进行数据填补。

2）危害终点分类

GreenScreen 关注了五大类共 20 个危害终点，如表 2.5 所示，基于 GHS 方法和权威清单为每个危害终点提供高、中、低（某些终点还包括极高、极低）的关注度分类，以哺乳动物急性毒性为例，在表 2.6 中展示了 GreenScreen 的危害终点分类方法。

表 2.5　GreenScreen 关注的危害终点

人体健康 I 组	人体健康 II 组	人体健康 II 组*	生态毒性和环境归趋	物理危害
致癌性	哺乳动物急性毒性	全身毒性&器官毒性-反复暴露	急性水生毒性	自反应性
致突变性和基因毒性	全身毒性&器官毒性	神经毒性-反复暴露	慢性水生毒性	可燃性
生殖毒性	神经毒性	皮肤致敏性	其他生态研究（如需要）	
发育毒性包括神经发育毒性	皮肤刺激性	呼吸道致敏性	持久性	
内分泌干扰活性	眼部刺激性		生物蓄积性	

表 2.6　GreenScreen 危害终点分类方法（以哺乳动物急性毒性为例）

信息类型	信息源	清单类型	极高关注度（vH）	高关注度（H）	中关注度（M）	低关注度（L）
数据	GHS 标准和指导	—	任何暴露途径下的 GHS 类别 1 或 2	任何暴露途径下的 GHS 类别 3	任何暴露途径下的 GHS 类别 4	·GHS 类别 5 ·有足够的可用数据和阴性研究 ·GHS 未分类
动物数据指导值	经口 LD_{50}（mg/kg）	—	≤50	>50~300	>300~2000	>2000
	经皮肤 LD_{50}（mg/kg）	—	≤200	>200~1000	>1000~2000	>2000
	经呼吸 LC_{50}（蒸气/气体）（mg/L）	—	≤2	>2~10	>10~20	>20
	经呼吸 LC_{50}（灰尘/烟雾/烟尘）（mg/L）	—	≤0.5	>0.5~1	>1~5	>5
A 清单	DOT	权威	2.3 类的组 A 或 6.1 类的组 1 或 2	6.1 类的组 3		
	EU-GHS（H 语句）	权威	H300 或 H310 或 H330	H301 或 H311 或 H331	H302 或 H312 或 H332	
	EU-R 语句	权威	R26 或 R27 或 R28			

续表

信息类型	信息源	清单类型	极高关注度（vH）	高关注度（H）	中关注度（M）	低关注度（L）
A 清单	GHS-[国家]清单（澳大利亚、印度尼西亚、日本、韩国、马来西亚和泰国）	筛查	类别 1 或 2 或 H300 或 H310 或 H330	类别 3 或 H301 或 H311 或 H331	类别 4 或 H302 或 H312 或 H332	类别 5 或 H303 或 H313 或 H333 或 GHS 无分类
	GHS-[新西兰]	筛查	6.1A 或 6.1B	6.1C	6.1D	6.1E 或无分类
B 清单	USEPA- EPCRA 极其危险化学品	权威	极危险物质			
	EU-R 语句	权威	R23 或 R24 或 R25		R20 或 R21 或 R22	
	魁北克 CSST-WHMIS 1988	筛查	D1A 毒物			
			D1B 毒物			

GreenScreen 还定义了数据的高和低置信度，权威清单、高质量实验和高质量类似物测试来源的数据被认为是高置信度的，研究结果不明、未遵循良好实验室规范（Good Laboratory Practice, GLP）或特定指南、并非三大暴露途径的实验数据、模型预测等来源获得的数据被认为是低置信度的。当某一终点未查询到数据或数据不足以开展关注度分级时，将该终点结果记录为"数据缺失"（data gap, DG）。

3）转化产物的识别与评估

对于已知的或可能形成的转化产物，需要识别是否存在相比母体化学物质持久性、生物蓄积性和/或毒性更强的转化产物。首先要说明评估转化产物的可行性，可行性是指母体化学物质的结构会导致某些类型转化（例如水解），且化学物质在全生命周期的功能使用中会排放到转化介质中（例如产品排放到水体中）；其次要说明转化产物与危害评估的相关性，相关性是指转化产物具有足够的持久性，在环境中有明显检出，且不是生命活动的必需物或环境中普遍形成的物质。对于需要纳入评估的转化产物，GreenScreen 开发了快速筛查工具"GreenScreen 清单转译器"（GreenScreen List Translator），该工具可以基于现有权威清单和 GHS 以及 REACH 来源信息结果，对化学物质或转化产物进行简化打分，筛选不可接受的物质。

4）基准得分分配

基准得分分配是通过综合考虑化学物质危害终点分类结果、数据缺失程度和转化产物评估结果，得到化学物质的基准得分。首先按照化学物质基准得分分配标准，结合已有关注度分级结果的危害终点，得到初步基准得分；其次参照表2.7中每个初步基准得分下的数据需求判断现有数据是否充足，若不充足，需要对初步基准得分进行修正；最后，如果可行且相关的转化产物比母体化学物质更不安全，则使用转化产物的GreenScreen清单转译器结果来修正基准得分。

表 2.7 每个基准得分下的最低数据需求

基准得分	组 I 健康	组 II 和组 II* 健康	生态毒性和环境归趋	物理性质
基准-1	有一项数据符合基准-1 即可认定，最少数据可以只有一项			
基准-2	需要 5 个终点中的至少 3 个数据，可接受的缺失： 1.内分泌干扰活性； 2.生殖毒性或发育毒性	需要 7 个终点中的至少 4 个数据，可接受的缺失： 1.皮肤或呼吸道致敏性； 2.眼部或皮肤刺激性； 3.一个其他终点	需要 4 个终点中的至少 3 个数据，可接受的缺失： 1.急性或慢性水生毒性	所有终点数据都需要，不接受缺失
基准-3	需要 5 个终点中的至少 4 个数据，可接受的缺失： 1.内分泌干扰活性	需要 7 个终点中的至少 5 个数据，可接受的缺失： 1.皮肤或呼吸道致敏性； 2.一个其他终点	所有终点数据都需要，不接受缺失	所有终点数据都需要，不接受缺失
基准-4	所有终点数据都需要，不接受缺失			

GreenScreen 方法相比 USEPA 方法的优势在于明确了缺失数据的处理方法，大幅提升了化学物质危害评估的可操作性，减少了专家判断的部分，使专业从业人员、政府机构、非营利组织、企业、配方生产商、产品研发人员等各类受众均可以使用，得到公开、透明和可接受同行评审的结果，是现有科学性、可操作性均较高的化学物质危害评估技术方法。

2.1.2 德国

为了让企业在产品研发过程中充分践行可持续化学，德国 FEA 于 2011 年发布《可持续化学品指南》(Guide on Sustainable Chemicals)（以下简称《指南》），一方面，通过规范可持续和不可持续化学物质的区分标准，帮助企业和公众选择可持续化学物质；另一方面，还通过评价化学物质的各个方面，支持开发设计更可持续的化学物质。《指南》重点关注化学物质对人群和环境的潜在影响，以及企业在供应链上的社会责任，评估流程如图 2.4 所示，分为特定物质评估和特定用途评估两个部分。

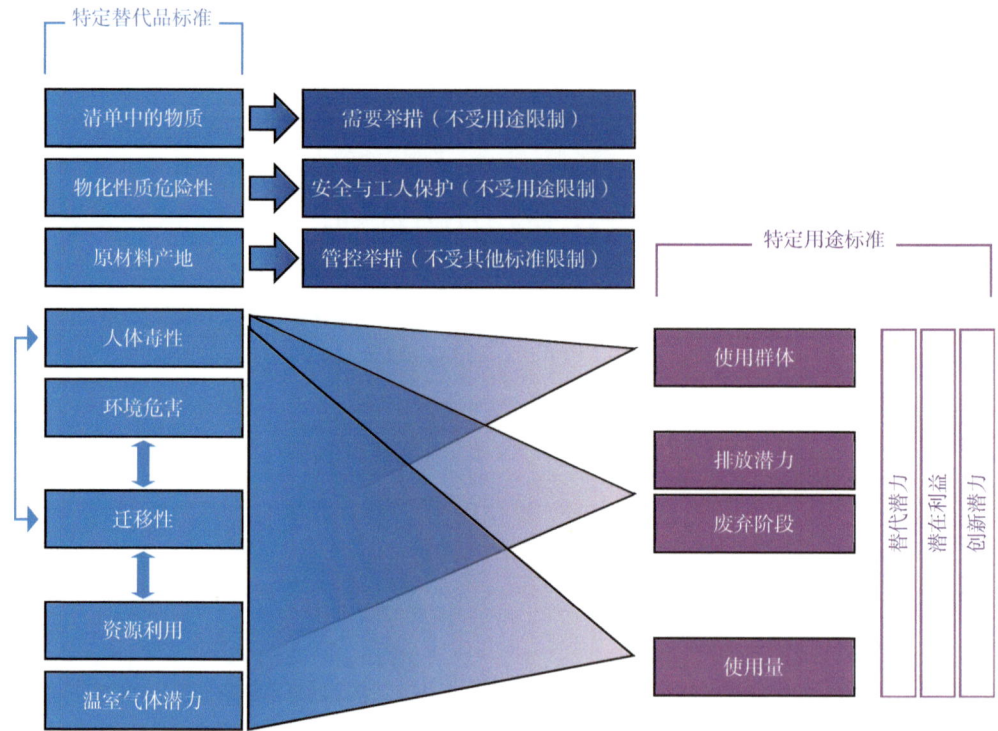

图 2.4 德国可持续化学品评估流程

《指南》规定采用化学物质的 8 项固有属性作为针对化学物质的可持续评估指标，包括：①在"问题清单"中提及；②物理化学性质；③人体毒性；④环境危害；⑤迁移性；⑥原材料来源；⑦温室气体潜力；⑧原材料和资源消耗。为每个指标规定了"红色"、"黄色"和"绿色"3 种级别，当未收集到数据时，指标结果划定为"白色"，评价标准、指标和分级方法总结在表 2.8 中。基于 8 个指标的评价结果，对化学物质的可持续性开展综合评价，将综合评价结果分为红色、黄色、绿色和白色 4 种，对应所有指标中按照红色>白色>黄色>绿色顺序的最敏感结果。《指南》要求对于评价结果为红色和黄色的化学物质，应通过特定用途评估进一步开展可持续性的评价；对于评价结果为白色的化学物质，应尽可能地获取更多信息以得到更准确的结果；对于评价结果为绿色的化学物质，由于其不存在危害特性，不需要采取行动，综合评价结果的含义见图 2.5。

表 2.8　德国可持续化学物质评估的标准、指标和分级方法

标准	子标准	指标	红色	黄色	绿色
在"问题清单"中提及	—	8 个问题清单	化学物质在 1 个或多个清单中提及	—	化学物质不包含在任何清单中
物理化学性质	—	基于 67/548/EEC 的 C&L 分类	E：R2、R3；O：R7、R8、R9；F+：R12、R17	F：R10、R11、R15	无 R 分类
物理化学性质	—	基于 CLP 规则的 C&L 分类	H200、201、202、203、205、220、221、222、224~226、228、240、241、242、250、251、260、261、270、271	H204、221、223、224~226、252、272、280、281、290	无 R 分类
人体毒性	吸入、摄入和与眼睛接触造成的危害	基于 67/548/EEC 的分类	R26、28、32、39/26、39/28、45、46、48/23、48/25、49、60、61、64	R20、22、23、25、29、31、39/23、39/25、40、41、42、48/20、48/22、62、63、68、68/20、68/22	除了 R36、37、65、67 以外无其他分类
人体毒性	吸入、摄入和与眼睛接触造成的危害	基于 CLP 规则的 C&L 分类	H300、330、340、350、350i、360D、360F、370、372、EUH032、H362	H301、302、318、330、331、332、334、341、351、361d、361f、371、370、372、373、EUH029、EUH031	除了 H304、319、335、336 以外无其他分类
人体毒性	皮肤接触造成危害	基于 67/548/EEC 的分类	R35、43、24、27、34、39/27 皮肤渗透物质：R61	R21、24、34、38、39/24、40、48/21、48/24、68/21 皮肤渗透物质：R62、62、68	除了 R66 以外无其他分类
人体毒性	皮肤接触造成危害	基于 CLP 规则的 C&L 分类	H314、317、H311 与 H310、370 皮肤渗透物质：H360D	H311、312、314、315、370、371、373 皮肤渗透物质：H341、361f、361d	除了 EUH066 以外其他分类
人体毒性	内分泌干扰	内分泌干扰清单	内分泌干扰清单	该化学物质被列为疑似 EDC，但测试结果不明确	测试结果表明，该化学物质没有内分泌干扰效应
环境危害	PBT/vPvB 和毒性	化学物质实验数据	根据持久性和生物积累、毒性和生态毒性的数据，物质被确定为 PBT/vPvB（候选列表）	PBT/vPvB 水生毒性：$LC_{50}<0.1$ mg/L R50、51、52 H400	有证据表明，该物质不是 PBT/vPvB，无或非常低水生毒性物质，不列为环境危险

续表

标准	子标准	指标	红色	黄色	绿色
迁移性	水中释放潜力	水中溶解度	>10 mg/L	10~0.001 mg/L	<1 μg/L
	空气释放潜力	蒸气压	10^{-3}~100 Pa（环境） > 25 Pa（人体）	10^{-3}~10^{-8} Pa（环境） 0.5~25 Pa（人体）	< 10^{-8} Pa（环境） < 0.5 Pa（人体）
	长距离迁移	持久性，有迹象表明是长距离迁移性	该物质具有持久性（半衰期在空气中>2天），蒸气压<1 hPa或该物质存在于原始环境中	有长距离迁移的迹象和可能	有证据表明，该物质不能长距离运输，不能持久
	在工作场所的释放潜能	剂型	气溶胶和气体，形成尘埃云的物质，在空气中停留较长时间	被粉碎但不含太多灰尘的物质，灰尘沉积得很快	液体，无尘固体物质（颗粒，蜡……）
	一般释放潜能	加工方式	混合使用。物质包含在物品中，并会从中释放出来	该物质不用于混合物中，并且在产品的生命周期中不知道它是否从基质中释放出来	物质包埋在基质中或包含在产品内部，不用于混合物中
原材料来源	工作场所责任	管理制度，工作风险管理	公司政策中没有替代管理制度，存在很大工人保护问题	实施质量控制和工人保护措施，但没有独立审核	良好的(文件化的)管理体系（如 BA1.8000），按照标准实施工人保护，附加自愿措施(独立审核，认证)
	环境责任	管理制度、减排等	公司政策中没有管理制度和环境保护目标	有环境管理体系(EMAS, ISO 14000)；执行标准，没有独立审核	良好的(文件化的)管理体系 (EMAS, ISO 14000 产品标签等)，标准执行，独立审核/认证
	社会责任	社会活动和目标	没有社会活动的信息，没有公司的培训和教育	参与公司以外的社会项目	有"行为准则"，是社会赞助商，并在公司提供培训
温室气体潜力	—	CO_2当量/kg 化学物质	>50	1~50	<1
原材料和资源消耗	资源更新能力	原料类型-初步评价	难以获得的原料，例如，化石原料(如地下开采、深钻、净化难度大等)，如铍	非稀缺的矿物原料(某些矿物和气体)，可以用相对较低的成本(露天开采，低精炼工作)获得，如铁	可持续使用的原材料，从废物中回收的物质，例如明胶

续表

标准	子标准	指标	红色	黄色	绿色
原材料和资源消耗	能源消耗	原料类型-初步评价	一些金属，一些矿物	一些矿物散装材料，来自矿物油和天然气的物质	一些生物来源的物质，从废物中回收的物质
	水资源消耗	原料类型-初步评价	一些金属，一些矿物	一些矿物物质，废物中的物质	一些生物源物质，由矿物油制成的物质
	总废气量	原料类型-初步评价	一些金属，一些矿物	一些矿物散装物质，来自矿物油和天然气的物质	一些生物来源的物质，来自废物的物质

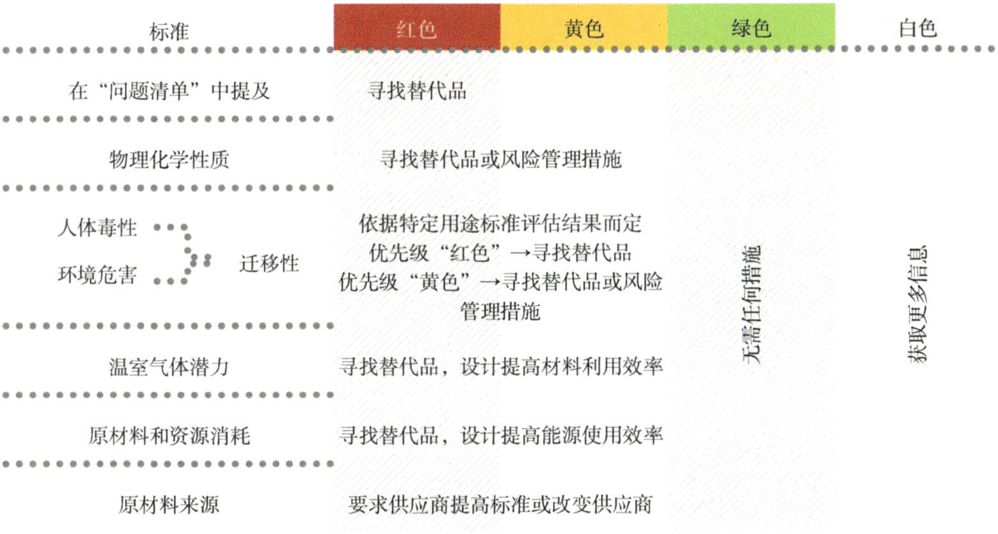

标准	红色	黄色	绿色	白色
在"问题清单"中提及	寻找替代品			
物理化学性质	寻找替代品或风险管理措施			
人体毒性 环境危害 — 迁移性	依据特定用途标准评估结果而定 优先级"红色"→寻找替代品 优先级"黄色"→寻找替代品或风险管理措施		无需任何措施	获取更多信息
温室气体潜力	寻找替代品，设计提高材料利用效率			
原材料和资源消耗	寻找替代品，设计提高能源使用效率			
原材料来源	要求供应商提高标准或改变供应商			

图 2.5 德国可持续化学物质评估结果及对应措施

2.1.3 其他发达国家

其他发达国家如日本、韩国、澳大利亚等，目前尚未特别关注化学物质的替代品评估和绿色分级，也未发布化学物质绿色分级有关方法，但其化学物质环境管理法规和政策较为完善。例如，韩国 K-REACH 和日本《化学物质审查及制造管理法》均要求在使用化学物质前进行申报注册，防止其对人群和环境造成不良影响；加拿大发布了现有化学物质名录，以指导现有化学物质管理和新化学物质登记。化学品环境风险控制和管理已在全球范围内得到广泛关注，减少有毒有害化学物质的使用、寻找更安全的替代品也是各个国家的发展方向。

此外，为了避免化学物质在生产、处理、运输、使用和废弃的各个环节中对人体健康和生态环境产生危害，目前全球已有 85 个国家参照 GHS 实施了化学物质分类和标签制度，这也为各个国家开展化学物质绿色分级打下良好基础。

2.2 国际组织化学物质绿色分级相关技术现状

2.2.1 经济合作与发展组织（OECD）替代品选择方法

OECD 于 2013 年起开始对全球范围内的替代品评估和替代实践开展分析与研究，并于 2021 年发布《关于识别和选择更安全化学替代品的关键考虑事项指南》（Guidance on Key Considerations for the Identification and Selection of Safer Chemical Alternatives）（以下简称《事项指南》）。《事项指南》由 OECD 有毒有害化学物质替代问题特设小组制定，目的是推动选择更安全替代品的一般方法和标准，促进确定化学替代品较被替代品更安全的最低要求。《事项指南》的替代品评估方法包括确定评估范围、比较危害评估、比较暴露评估和整合危害与暴露结果 4 个步骤，其中确定评估范围和比较危害评估共同构成了 OECD 的替代品质危害评估方法。

1）确定评估范围

范围划定是替代品评估重要的初始步骤，《事项指南》要求为评估制定明确的目标、原则和决策规则，例如，促进选择更安全的替代品，是为了满足客户需要、开拓新市场、发展创新战略或实现企业的可持续目标等。在确定待评估物质时，要明确避免选择高危害清单、产品限用清单等中的化学物质。

2）比较危害评估

《事项指南》为化学物质评估设定了最低标准和更高标准，通过权威清单快速筛选出有问题的替代品，使用 GHS 方法选择终点并开展阈值分级，结合考虑数据缺失和不确定性对化学物质进行优先排序。

权威清单中的化学物质不被认为是潜在的更安全化学物质，表 2.9 是 OECD 用于筛选不可接受替代品的最低标准和用于支持决策的额外要求清单。

表 2.9 OECD 替代品危害评估的权威清单

评估标准	发布方	发布机构	清单名称
最低标准	权威	联合国环境规划署	关于消耗臭氧层物质的蒙特利尔议定书
		联合国环境规划署	关于持久性有机污染物的斯德哥尔摩公约
		世界卫生组织的国际癌症研究机构	致癌物分类清单
		加拿大	有毒物质清单和模拟清除清单
		欧洲化学品管理局（ECHA）	高关注授权候选物质清单（SVHC） 根据 CLP 附件 VI，分类具有致癌、致突变或生殖特性（CMR）1A 或 1B 类物质清单
		USEPA	根据 TSCA 第 6(h) 条有毒物质释放清单 PBT 化学物质清单
		美国国家毒理学计划	致癌物质报告
		加利福尼亚州	65 号提案清单
额外标准	权威	ECHA	化学物质信息"网站：若干欧盟法规中化学物质的危害特性和监管情况，包括 REACH、CLP、BPR 等" REACH 限制措施清单 CLP 附件 VI 的协调分类清单 C&L 清单：包含从制造商和进口商获得的通知和注册物质的基本分类与标签信息 PACT：考虑进行进一步评估的物质-RMOA 和非正式危害评估（PBT/vPvB 和内分泌干扰物） REACH：附件 III 清单
		OECD	eChemPortal：化学物质性质信息
	NGOs	欧洲环境局	RISCTOX：有毒有害化学物质数据库
		欧盟贸易非政府研究所	工会优先考虑的 REACH 授权清单
		AOEC	呼吸致敏物质清单
		SINLIST	环保组织的"立刻替代"清单
		TEDX	潜在内分泌干扰物清单
	行业部门	纺织行业	ZDHC 制造限制物质清单 美国服装和食品用品协会的限制物质清单
		汽车行业	全球汽车利益相关者集团（GASG's）全球汽车可申报物质清单（GADSL）
		Grandjean and Landrigan	201 种已知对人类有神经毒性的化学物质列表

对于未列入清单的化学物质，《事项指南》要求使用 GHS 的分类方法对危害终点分级，应尽可能广泛和全面地选择危害终点。为了解决工人健康和安全问题，

除了常考虑到的毒理学终点，还需要包括额外评价的危害终点，危害终点的最低标准和额外标准如表 2.10 所示。审查可用的危害数据，对危害终点进行"高""中""低"的关注度分级。

表 2.10 OECD 比较危害评估中的危害终点

评估标准	人体健康危害	环境危害	物理危害
最低标准	致癌性 生殖细胞致突变性 生殖毒性 急性毒性 特定靶器官毒性-反复暴露	急性水生毒性 慢性水生毒性 生物蓄积潜力 生物降解性	易燃性
额外标准	神经毒性 特定靶器官毒性-单次暴露 皮肤刺激性/腐蚀性 严重眼损伤/眼刺激 呼吸道或皮肤致敏性 吸入危害 内分泌干扰效应	迁移性 野生动物毒性 富营养化 温室气体排放 臭氧消耗潜力 废物产生量 其他可持续性终点	腐蚀性 爆炸性 氧化性 自燃性 自反应性 自加热性 与水接触的可燃气体排放 其他物理危害：气溶胶、有机过氧化物、震动、噪音等

"避免 CMRs、PBTs 和 vPvBs"是符合大多数场景的决策规则和最低标准，即排除致癌性、生殖细胞致突变性、生殖/发育毒性 3 个终点任意 1 个被归类为"高"或者属于 PBT/vPvB 类的化学物质。对于已经满足最低标准的替代品，可以进一步补充决策原则，例如，如果溶剂制造商希望在产品线中加入更安全的溶剂，可以加入"排除易燃性和皮肤刺激性"的决策规则。OECD 提供了 2 个级别的决策原则，第 1 级是排除哺乳动物急性毒性、特定靶器官毒性-反复暴露和易燃性归类为"高"的替代品，第 2 级是排除表 2.10 中任何终点为"高"的替代品。

2.2.2 欧盟

为了促进安全、可持续的化学品设计，实现安全产品和无毒材料的社会循环，加强化学品生产绿色化和数字化，欧盟委员会 2020 年发布了《面向无毒环境的可持续化学品战略》(以下简称《战略》)。《战略》计划制定欧盟安全和可持续的化学品设计标准，建立欧盟安全、可持续的支持网络，促进跨部门和价值链的信息合作与共享，并提供替代方案的技术专长，同时推动有关工业排放的立法。《战略》要求开展风险评估和限制使用令人担忧的化学物质，促进欧盟工业企业使用更安全化学品。

虽然欧盟在化学物质绿色分级和替代品评估方面暂无技术导则等规范性文件，但欧盟的化学品管理政策十分完善。欧盟委员会发布《化学品注册、评估、许可和限制》（Registration, Evaluation, Authorization and Restriction of Chemicals, REACH）法规，由欧洲化学品管理局（European Chemicals Agency, ECHA）负责审查，REACH 于 2007 年 6 月 1 日正式生效，并从 2008 年 6 月 1 日起在欧盟正式实施。REACH 要求年产量超过 1 吨的现有化学物质和新化学物质以及应用于各种产品中的化学物质，均需要通过注册才可以在欧盟境内生产或进口。在化学物质注册和申报过程中，REACH 要求注册人提交化学物质多个危害终点数据，包括理化性质、生态毒性、健康危害、环境迁移转化规律等，这些数据可作为欧盟开展化学物质绿色分级的基础数据。

2.2.3 其他国际组织

联合国环境规划署在《关于持久性有机污染物的斯德哥尔摩公约》框架下，于 2009 年 12 月发布《关于所列和候选持久性有机污染物替代品的一般性指南》（以下简称《一般性指南》），指导 POPs 类物质的替代品筛选。《一般性指南》明确要求对替代品的人体健康和环境风险进行定量评估，所关注的危害特性包括致突变性、致癌性、发育毒性、内分泌干扰效应、免疫或神经系统毒性等。《一般性指南》通过对替代品危害终点的综合评价，判断替代品是否更安全，要求在危害特性评价基础上，结合经济（成本、责任、资源、竞争产品）、技术、社会因素、暴露情况等，共同得出替代品是否可以替代 POPs 类物质的结论。然而，对于具有明显危害特性的化学物质，例如，仍然满足 POPs 标准或具有明显的致突变性、致癌性、发育毒性、内分泌干扰效应、免疫或神经系统毒性效应，不可接受其作为替代品投入使用。

2.3 我国化学物质绿色分级相关技术现状

我国化学物质生态产品等评价技术还处在相对初期的阶段，现行已有的国家标准包括《产品生态设计通则》（GB/T 24256—2009）、《生态设计产品评价通则》（GB/T 32161—2015）等，这些标准均从框架性的角度构建了绿色产品的指标体系，与国外框架较为类似。《产品生态设计通则》的目的在于减少产品对环境的污染，提高产品的可再生利用率，以减少产品整个生命周期中产生的不良环境影响，开发更生态、更经济、可持续发展的产品系统。产品生态设计中需要综合考虑成本、环境影响、产品性能、法规要求、最佳可行技术以及客户需求等方面,其中环境影响要求考虑包括产品对环境的影响和对人类健康与安全的风险,主要包括原材料消耗、能源消耗、废物产生、健康和安全的风险以及生态破坏。《生态设计产品评价通则》较《产品生态设计通则》进一步规定了评价指标要求,明确由一级指标和二级指标组成,其中一级指标包括资源属性、能源属性、环境属性和产品属性,二级指标则要求标明每个指标所属的生命周期阶段,即产品设计、原材料获取、产品生产、产品使用和废弃后回收处理等阶段。《生态设计产品评价通则》强调环境属性,重点选取生产过程中污染物排放、使用过程中有毒有害物质释放以及产品废弃后回收利用等方面的指标,包括但不限于以下两点:①污染物排放应提出严于国家污染物排放标准的要求;②产品废弃后回收利用应提出回收利用率等指标。这两项框架性国家标准的评价指标与国外标准基本一致,均是从环境危害、性能、成本、资源能源等方面进行评估,但评价指标较多集中在产品中含有的或使用过程中会排放的一些常规污染物量,并未考虑化学品本身的毒害属性,尤其是生态与健康毒性。

上述两项标准仅能作为替代品评估的指标选取参考,无法作为方法学参考。2024 年由生态环境部华南环境科学研究所编制,中国环境科学学会发布《绿色替代品评估技术指南》(T/CSES 151—2024),该技术指南围绕化学物质的健康危害、生态毒性和环境影响等固有危害属性,确定绿色替代品评估中的危害终点指标体系,建立分级方法,为科学评估替代品最终绿色分级提供依据,指导寻找更安全替代品,是我国化学物质绿色分级技术方法的重要参考。

2022 年,国务院办公厅发布《新污染物治理行动方案》(国办发〔2022〕15 号),明确要求"形成一批有毒有害化学物质绿色替代、新污染物减排以及污水污泥、废液废渣中新污染物治理示范技术"。随后,生态环境部于 2024 年发布《化学物质环境风险评估与管控技术标准体系框架》(环办固体函〔2024〕351 号),其中明确计划编制《替代品/技术环境友好性评估技术指南》,明确选择化学物质替代品/技术时,针对其环境与健康风险应考虑的关键要素、不同工艺使用情景、接触途径下的环境与健康风险判定、替代前后成本效益评估等,构建替代评估的技术方法及标准等,为推进绿色替代提供技术指导。化学物质绿色分级技术在我国已经受到重视,也是实现有毒有害化学物质绿色替代和新污染物治理的重要技术方法。

第 3 章 典型行业化学物质清单构建

典型行业化学物质清单是企业进行绿色生产和绿色发展的基础。通过系统地收集和整理行业中使用的化学物质及其基本信息,包括化学物质名称、CAS 号、Compound CID 以及 SMILES 等,以构建典型行业化学物质清单,为绿色分级提供重要的依据。此外,出于不影响最终产品/工艺性能的目的,还需要获取化学物质在典型行业中的功能用途信息以实现功能替代。典型行业化学物质确定过程中面临着诸多挑战,包括如何全面收集典型行业所涉及的化学物质、如何整合不同来源和不同格式的数据、如何对化学物质缺失的信息进行补充等,因此,需建立统一的数据收集和处理流程,以确保绿色分级的科学性和可操作性。

本章主要介绍了典型行业化学物质清单的建立方法,包括典型行业化学物质清单来源信息收集、化学物质清单信息整合,并以涂料行业化学物质为例,展示了典型行业化学物质清单的建立过程和涂料行业化学物质清单信息。

3.1 典型行业化学物质清单来源

构建典型行业化学物质清单首先需要收集典型行业化学物质的相关信息,信息来源主要包括数据库和公开报道、行业与企业资料(化学品和材料制造商、加工使用企业、零售商和行业协会等)以及文献检索等。

3.1.1 数据库及公开报道

化学物质信息数据库通常由国际权威机构或专业组织创建和维护,常见的化学物质信息数据库包括 REACH 注册化学物质数据库、ECHA CHEM、EPA ChemView、NITE-CHRIP 等。数据库中提供了关于化学物质的名称、CAS 号等标识信息,以及化学物质在生产、加工使用和消费等生命周期环节中的功能用途描述,能够为典型行业化学物质清单建立提供有效参考。这些数据库通过整合多个实验室、文献、专利和其他数据库的数据,涵盖了多领域多行业的化学物质信息,因此具有高通用性,能够支持不同行业化学物质清单的快速建立。对于某些行业中存在的数据不足或信息分散等情况，化学物质信息数据库是有效的数据来源，能够帮助扩展化学物质清单的覆盖范围，填补信息空白。数据库在信息收集的过程中实施了严格的审核和验证措施以保证数据的准确性和可靠性，并且以统一的标准化格式提供数据，支持使用者通过名称、CAS号、分子式等多种方式进行信息检索。

公开报道指不同国家或地区的官方机构公开发布的化学物质清单或化学物质报告数据，如美国化学品数据报告（the Chemical Data Reporting, CDR）、USEPA CompTox Chemicals Dashboard 提供的化学物质清单。公开报道数据通常来自于企业申报、监管要求和科研报告，收录了在本国或地区内生产、销售、加工使用或者进口的化学物质，具有高权威性和可信度。公开报道数据涵盖了化学物质的名称、CAS号等标识符以及所属行业类别，并以离线文件形式提供，能够为典型行业化学物质清单的建立提供翔实参考。另一类常见的公开报道数据为各国家和地区的现有化学物质名录，如中国现有化学物质名录、加拿大国内物质名录等。尽管这些名录收录了本国或地区在产在用化学物质的名称等标识信息，但并未提供化学物质所属行业类别等实际应用场景信息，因此难以为典型行业化学物质清单的构建提供有效信息。

下文以 REACH 注册化学物质数据库和 CDR 数据为例，介绍数据库及公开报道提供的化学物质信息，以及如何从数据库及公开报道中获取信息，以构建典型行业化学物质清单。

1. 数据库

REACH 法规要求，制造商和进口商必须提供有关注册化学物质特性的现有信息以便进行登记注册。REACH 注册化学物质数据库目前共收录了 26865 种化学物质，可通过 ECHA 官方网站获取（https://echa.europa.eu/regulations/reach/understanding-reach）。在构建典型化学物质清单时，REACH 注册化学物质数据库能够提供的化学物质信息包括：①化学物质标识信息（化学物质名称、CAS号）；②已确定用途的简要说明（消费用途、工业场所的用途），用途的简要说明可用于判断化学物质所属行业。对于化学物质而言，REACH 提供了基于名称、CAS号、EC号的查询方式。以甲苯为例，REACH 查询结果如图3.1。甲苯标识信息包括英文名"Toluene"、CAS号"108-88-3"。甲苯用途的简要说明包括，消费用途为"该物质用于以下产品：润滑剂和润滑脂、上光剂和蜡、非金属表面处理产品、墨水和墨粉、生物杀灭剂、纺织品处理产品和染料、防冻产品、皮革处理产品、燃料以及黏合剂"；工业场所的用途为"该物质用于以下产品：涂料产品、黏合剂和密封剂、聚合物、燃料、非金属表面处理产品、油墨和墨粉以及润滑剂和润滑脂"。

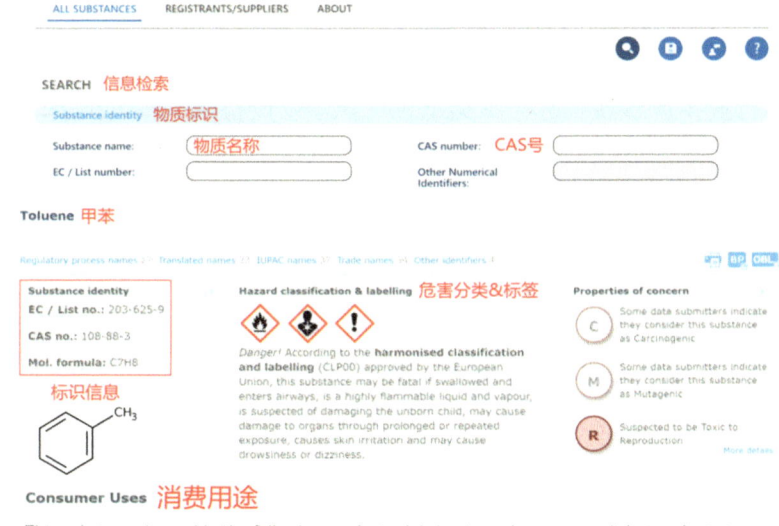

图 3.1　REACH 注册化学物质数据库查询界面及甲苯查询结果

此外，REACH 注册化学物质数据库还提供了基于化学物质所属行业类别或产品类别进行批量查询的功能（图 3.2）。基于企业进行化学物质注册时提交的信息，ECHA 将注册物质所属的行业类别划分为 24 种类，包括采矿业、木材和木制品制造业、精细化学品制造、橡胶制品制造、塑料制品制造等，详见附表 A.1。构建典型行业化学物质清单时选择与目标行业相匹配的 ECHA 行业类别代码进行检索，即可获得目标行业化学物质清单，例如选择行业类别代码"SU 11: Manufacture of rubber products"进行检索，可获得橡胶制品制造行业化学物质 1757 种。化学物质最终进入的产品类型同样能够反映化学物质所属的行业信息,如涂料产品中的化学物质属于涂料行业、纺织品染料中的化学物质属于纺织印染行业。ECHA 提供了化学物质可能进入的 41 种产品类型,包含密封剂、吸附剂、空气护理产品、金属表面处理产品、中间体等,详见附表 A.2。在构建典型行业化学物质清单时,可选择目标行业生产或使用的产品类型进行化学物质检索。检索结果以表格形式提供,包含检索条件下的化学物质名称及 CAS 号。

图 3.2 ECHA 中 REACH 注册物质数据库的 "Uses and exposure" 查询界面

2. 公开报道

CDR 是 USEPA 根据《有毒物质控制法》(Toxic Substances Control Act, TSCA)规定,要求美国制造商(包括进口商)提交的报告,其中包含的化学物质标识信息(名称、CAS 号)、工业加工和使用信息、消费和商业使用信息可为建立典型行业化学物质清单提供帮助。

与 REACH 注册化学物质数据库类似,CDR 提供了基于行业类别、消费品和商品类别的化学物质查询方式。在 CDR 的工业加工和使用信息中，化学物质对应的行业类别被划分为 48 类，其中包括造纸、石化制造、合成染料和颜料制造、油漆和涂料制造、印刷油墨制造、塑料制品制造等，详见附表 A.3。在消费和商业使用信息中，化学物质对应的消费品和商业产品类别共计五大类 33 小类，例如黏合剂和密封剂、油漆和涂料、电气和电子产品、汽车护理产品等，详见附表 A.4。除行业和产品类别信息外，CDR 中还提供了化学物质在工业加工和使用过程中以及在消费品和商业产品中所属的功能用途信息，这对于实现化学物质绿色分级后的功能替代十分重要。CDR 提供的功能用途类别共计 35 类，包括阻燃剂、增塑剂、加工助剂、溶剂等，详见附表 A.5。

CDR 数据可通过 USEPA 官网获取（https://www.epa.gov/chemical-data-reporting）。目前，USEPA 公开了 1986 ~ 2002 年度、2006 年度、2012 年度、2016 年度及 2020 年度共计 5 份 CDR 数据，并以表格和 Access 数据库形式提供下载，详细记录了规范化后的化学物质名称、标识符、行业类别、行业功能用途类别、消费品和商业产品类别、消费品和商业产品功能用途类别等信息。图 3.3 展示了 CDR 数据所能提供的信息，如羟甲基脲，英文名称为“Urea, *N*-(hydroxymethyl)-”，CAS 号为“1000-82-4”，在塑料材料和树脂制造业中的功能用途为中间体，在木制品制造业中的功能用途为黏合剂和密封剂。在构建典型行业化学物质清单的过程中，使用者可根据行业类别、产品类别对 CDR 数据进行直接提取以实现清单的快速建立。

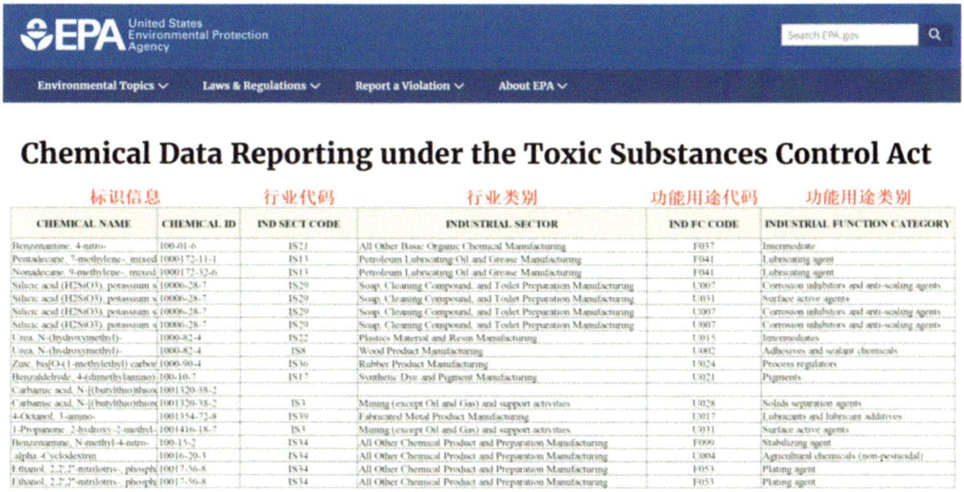

CHEMICAL NAME	CHEMICAL ID	IND SECT CODE	INDUSTRIAL SECTOR	IND FC CODE	INDUSTRIAL FUNCTION CATEGORY
Benzenamine, 4-nitro-	100-01-6	IS21	All Other Basic Organic Chemical Manufacturing	F037	Intermediate
Pentadecane, 7-methylene-, mixed	1000172-11-1	IS13	Petroleum Lubricating Oil and Grease Manufacturing	F041	Lubricating agent
Nonadecane, 9-methylene-, mixed	1000172-32-6	IS13	Petroleum Lubricating Oil and Grease Manufacturing	F041	Lubricating agent
Silicic acid (H2SiO3), potassium s	10006-28-7	IS29	Soap, Cleaning Compound, and Toilet Preparation Manufacturing	U007	Corrosion inhibitors and anti-scaling agents
Silicic acid (H2SiO3), potassium s	10006-28-7	IS29	Soap, Cleaning Compound, and Toilet Preparation Manufacturing	U031	Surface active agents
Silicic acid (H2SiO3), potassium s	10006-28-7	IS29	Soap, Cleaning Compound, and Toilet Preparation Manufacturing	U007	Corrosion inhibitors and anti-scaling agents
Silicic acid (H2SiO3), potassium s	10006-28-7	IS29	Soap, Cleaning Compound, and Toilet Preparation Manufacturing	U007	Corrosion inhibitors and anti-scaling agents
Urea, N-(hydroxymethyl)-	1000-82-4	IS22	Plastics Material and Resin Manufacturing	U015	Intermediates
Urea, N-(hydroxymethyl)-	1000-82-4	IS8	Wood Product Manufacturing	U002	Adhesives and sealant chemicals
Zinc, bis[O-(1-methylethyl) carbor	1000-90-4	IS36	Rubber Product Manufacturing	U024	Process regulators
Benzaldehyde, 4-(dimethylamino)-	100-10-7	IS17	Synthetic Dye and Pigment Manufacturing	U021	Pigments
Carbamic acid, N-[(butylthio)thiox	1001320-38-2				
Carbamic acid, N-[(butylthio)thiox	1001320-38-2	IS3	Mining (except Oil and Gas) and support activities	U028	Solids separation agents
4-Octanol, 3-amino-	1001354-72-8	IS39	Fabricated Metal Product Manufacturing	U017	Lubricants and lubricant additives
1-Propanone, 2-hydroxy-2-methyl-	1001416-18-7	IS3	Mining (except Oil and Gas) and support activities	U031	Surface active agents
Benzenamine, N-methyl-4-nitro-	100-15-2	IS34	All Other Chemical Product and Preparation Manufacturing	F099	Stabilizing agent
alpha.-Cyclodextrin	10016-20-3	IS34	All Other Chemical Product and Preparation Manufacturing	U004	Agricultural chemicals (non-pesticidal)
Ethanol, 2,2',2''-nitrilotris-, phosph	10017-56-8	IS34	All Other Chemical Product and Preparation Manufacturing	F053	Plating agent
Ethanol, 2,2',2''-nitrilotris-, phosph	10017-56-8	IS34	All Other Chemical Product and Preparation Manufacturing	F053	Plating agent

图 3.3　CDR 数据中提供的行业及功能用途信息

3.1.2 行业与企业资料

行业与企业资料是构建典型行业化学物质清单的重要来源之一，其提供的数据与实际生产和使用情况紧密相关，代表了真实的应用场景。行业与企业资料通常包括制造商、加工使用企业、零售商和行业协会等提供的产品安全技术说明书和行业数据共享平台。

在典型行业化学物质清单构建过程中，企业披露的产品安全技术说明书可以提供目标行业生产或使用的产品中的化学物质成分信息，包括名称与 CAS 号。例如陶氏化学公开的一份黏结剂产品的安全技术说明书中记录了其中涉及的化学物质（图 3.4），包括乙醇（64-17-5）、*N*-[3-(三乙氧基硅基)丙基]乙二胺（5089-72-5）、异丙醇（67-63-0）、甲醇（67-56-1）以及未公开 CAS 号的烷氧基硅烷。不同企业安全技术说明书的格式、存储和披露方式可能存在差异，因此在收集安全技术说明书中化学物质信息时，应注意数据的统一化和标准化处理。

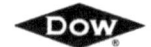

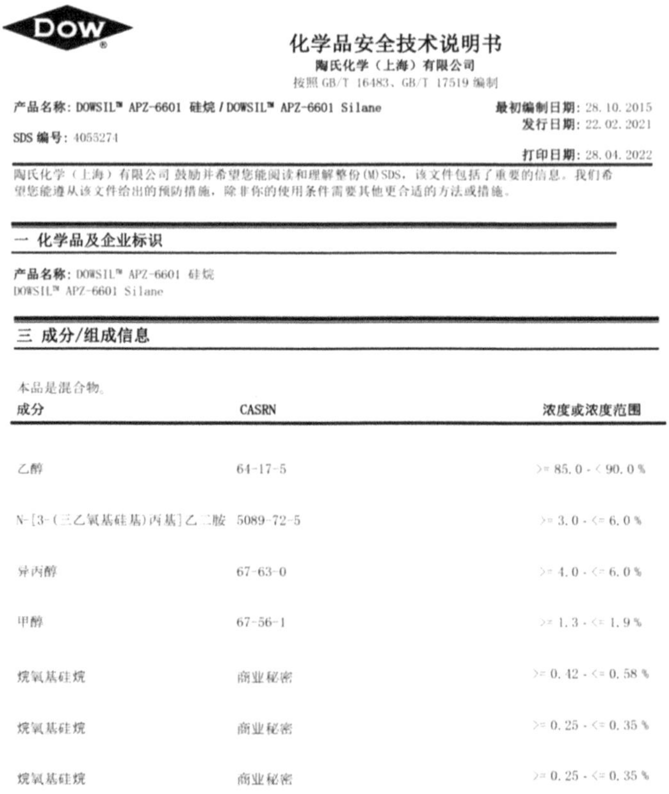

DOW

化学品安全技术说明书

陶氏化学（上海）有限公司

按照 GB/T 16483、GB/T 17519 编制

产品名称: DOWSIL™ APZ-6601 硅烷 / DOWSIL™ APZ-6601 Silane　　**最初编制日期**: 28. 10. 2015

发行日期: 22. 02. 2021

SDS 编号: 4055274

打印日期: 28. 04. 2022

陶氏化学（上海）有限公司鼓励并希望您能阅读和理解整份(M)SDS，该文件包括了重要的信息。我们希望您能遵从该文件给出的预防措施，除非你的使用条件需要其他更合适的方法或措施。

一 化学品及企业标识

产品名称: DOWSIL™ APZ-6601 硅烷

DOWSIL™ APZ-6601 Silane

三 成分/组成信息

本品是混合物。

成分	CASRN	浓度或浓度范围
乙醇	64-17-5	>= 85.0 - < 90.0 %
N-[3-(三乙氧基硅基)丙基]乙二胺	5089-72-5	>= 3.0 - <= 6.0 %
异丙醇	67-63-0	>= 4.0 - <= 6.0 %
甲醇	67-56-1	>= 1.3 - <= 1.9 %
烷氧基硅烷	商业秘密	>= 0.42 - <= 0.58 %
烷氧基硅烷	商业秘密	>= 0.25 - <= 0.35 %
烷氧基硅烷	商业秘密	>= 0.25 - <= 0.35 %

图 3.4　黏结剂安全技术说明书提供的化学物质信息

行业协会建立的专有化学物质数据共享平台汇集了不同企业在不同应用场景下使用的化学物质信息，能够为典型行业化学物质清单的建立提供有力支持，尤其是在行业领域内信息较为专业和分散的情况下。例如，加拿大涂料协会开发的 Canada CoatingsHUB 数字化工具提供了一个包含 2000 多种化学物质的数据库，包含了有关涂料、黏合剂、密封剂和弹性体行业中使用的商业化学品的标识信息、行业信息和功能用途信息。美国个人护理品协会则制订并发布了《国际化妆品原料字典和手册》，其中记录了 30000 余种化妆品成分的名称、CAS 号、结构信息、成分功能和报告的产品用途等信息。需要注意的是，此类化学物质数据共享平台通常仅对行业协会内成员开放，非成员单位或个人通常需通过申请或支付费用获取访问权限。

3.1.3 文献检索

文献检索是获取典型行业化学物质数据的补充手段。研究者可通过汇集和分析多个已有研究的数据以提供不同行业的化学物质清单。例如，Helene 等人通过对科技文献、数据库以及对制造商、分销商和监管机构的网站和数据库进行检索，确定了 190 个塑料行业化学物质相关来源。通过对这些来源中化学物质信息的整合，最终建立了塑料行业化学物质清单，包含 10547 种化学物质，其中 2171 种塑料单体，3941 种加工助剂，5502 种塑料添加剂。此外，文献能够提供更为前沿的信息，包括行业内化学物质的最新研究成果、技术创新以及新用途。部分文献不仅能够直接提供典型行业化学物质清单，其开发的化学物质清单建立方法也可为其他行业化学物质清单的建立提供可参考的方法学信息。

3.2 化学物质清单信息整合

化学物质清单信息整合是确保典型行业化学物质清单完整性、准确性、一致性的工作基础。不同来源的数据可能存在化学物质标识符不一致、结构信息缺失、功能用途信息缺失等情况，因此需要通过化学物质信息整合将不同来源的数据进行统一处理，解决不同数据源之间的冲突等问题。化学物质信息整合旨在完善数据内容、提升数据质量、优化数据结构和弥补信息缺失，为后续的化学物质绿色分级工作提供更加准确和可靠的数据支撑。化学物质信息整合包括化学物质清单信息处理和信息补充两个步骤。

3.2.1 清单信息处理

1. 物质标识信息处理

典型行业化学物质清单中共包含 4 种标识信息，分别为化学物质名称、CAS号、Compound CID 和 SMILES。由于标准和规范的差异以及法规和监管要求的不同等多种原因，同一化学物质的同一标识信息在不同来源的数据中可能不唯一。例如，双酚 A 具有 4 个不同的 CAS 号，分别为 80-05-7、27100-33-0、25766-59-0 和 71684-32-7。化学物质的 Compound CID 是由 PubChem 分配的化学物质数字标识符，每个 Compound CID 都唯一对应一个化学物质，如双酚 A 的四个 CAS 号对应的 Compound CID 均为 6623，因此将 Compound CID 作为化学物质标识信息处理的依据。

标识信息处理的主要步骤包括：①移除无 CAS 号化学物质。清单中存在部分无明确 CAS 号的化学物质，在数据来源中仅以序列号或流水号等作为其标识信息，无法用于后续信息补充，故此类物质被移出清单。②移除无 Compound CID 物质。清单中存在部分无法获取 Compound CID 的化学物质，这主要是由于这类物质属于复杂混合物（如天然提取物、复合产品、商业配方、UVCB 类物质等），不具有明确的化学结构信息或属于同分异构体混合物但未明确指出是何种异构体，此类物质将被移出清单。③合并 Compound CID 重复物质。对于标识信息和功能用途信息完全相同的化学物质，去除重复值；对于 Compound CID 相同但 SMILES 不同的化学物质，在确保正确的前提下保留唯一 SMILES；对于 Compound CID 相同但 CAS 号不同的化学物质，保留多个 CAS 号。

2. 功能用途信息处理

化学物质可能具有多种不同的功能用途，且同一化学物质的同一功能用途可能具有不同的表达方式，如某些化学物质的功能用途可能被称为抗氧化剂或氧化抑制剂。为了消除不同数据来源的功能用途信息的冗余，并且为化学物质的功能用途提供统一描述，因此需要使用标准化术语对功能用途进行处理。

化学物质功能用途信息处理依据为 OECD 制订的国际统一功能用途类别，参考文件为 OECD INTERNATIONALLY HARMONISED FUNCTIONAL, PRODUCT AND ARTICLE USE CATEGORIES, ENV/JM/MONO(2017)14。OECD 将化学物质的功能用途分为 117 类（附表 B.1），常见的功能用途包括增塑剂、溶剂、抗氧化剂、表面活性剂、着色剂、稳定剂等。文件中还提供了功能用途的定义，包含明确的定义项和排除项,以减少功能用途类别分配的模糊性。参考 OECD 文件,化学物质功能用途信息处理原则如下:①对于具有相同 Compound CID 的化学物质,若该化学物质同时具有多个来源报告的功能用途信息,则优先选择与 OECD 标准化功能用途相同的功能用途信息作为数据整合后的最终功能用途信息;②若来源中报告的功能用途信息与 OECD 标准化功能用途不匹配,则严格按照 OECD 标准化功能用途的定义项和排除项进行判断,选择最符合所报告功能用途的 OECD 标准化功能用途。

3.2.2 清单信息补充

1. 标识信息补充

基于确定的 CAS 号对典型行业化学物质清单中缺失的标识信息进行补充收集。根据评估需要,可从 ChemicalBook、ChemBK 等网站补充化学物质中文名称、英文名称。Compound CID 和 SMILES 信息,可在 PubChem 上进行查询补充(https://pubchem.ncbi.nlm.nih.gov/),此外 SMILES 可在 USEPA CompTox Chemicals Dashboard(https://comptox.epa.gov/dashboard/)上进行批量查询补充。

2. 功能用途信息补充

CAS 号同样作为功能用途信息补充的依据。对于数据来源中未报告功能用途信息的化学物质,推荐从 ChemicalBook、ChemBK 以及 ChemInfo Public 等化学物质信息检索网站中进行查询补充。对于查询所得的功能用途信息,应同样按照 OECD 规定的定义项和排除项,选择与目标行业最相符的标准化功能用途进行补充。若化学物质无任何来源报告的功能用途信息且功能用途信息无法补充,则功能用途信息标记为"其他"。以双酚 A(80-05-7)为例,ChemicalBook 网站提供的功能用途描述为"合成聚碳酸酯、环氧树脂、耐高温聚酯的重要原料,用作 PVC 稳定剂、塑料抗氧剂、紫外线吸收剂、杀菌剂等,也用作油漆的抗氧剂和增塑剂等"。参考 OECD 规定,双酚 A 在涂料行业清单中的功能用途信息为"抗氧化剂、增塑剂"。

3.3 案例分析:涂料行业化学物质清单构建

以涂料行业为例,按照上述流程开展行业化学物质清单建立。

3.3.1 涂料行业化学物质清单来源

为寻找涂料行业涉及的化学物质，从数据库和公开报道、行业和企业资料、文献检索等三方面综合收集化学物质信息（表3.1）。

表 3.1 涂料行业化学物质清单数据来源

来源类型	来源	数据条目	标识信息	行业类别	产品类别	功能用途信息
数据库和公开报道	REACH	3411	√		√	
	CDR	5727	√	√		√
		3633	√		√	√
	ChemView	1069	√			√
	ChemInfo	774	√	√		
	Chemicoco	246	√	√		
行业与企业资料	Sherwin-Williams	4078	√	√		
文献检索	Dionisio et al.	6074			√	√

涂料行业化学物质清单的数据库和公开报道来源主要包括 REACH 注册化学物质数据库、美国 CDR 数据、美国 ChemView 数据库、德国 ChemInfo 数据库、日本 Chemicoco 数据库。根据产品代码"PC 9a, Coatings and paints, thinners, paint removes"在 REACH 注册化学物质数据库中进行检索，共获得 3411 条化学物质信息。使用行业代码"IS27, Paint and coating manufacturing"和消费和商业产品代码"C202, Paints and coatings"对 CDR 数据进行筛选，分别获得化学物质信息 5727 条和 3633 条。选择 ChemView 数据库中用途信息"Paint additive and coating additive"，导出化学物质信息 1069 条。ChemInfo 数据库的检索关键词为"farben und lacke, anstrichmittel"，获得化学物质信息 774 条。Chemicoco 数据库的检索关键词为"塗料"、"ワニス"和"ペイントワーク"，获得化学物质信息 246 条。

行业和企业资料来源主要为涂料企业 Sherwin-Williams 公开的产品安全技术说明书。Sherwin-Williams 为 2023 年全球年销售额第一的涂料企业，共公开产品安全技术说明书 1631 份，提取化学物质信息 4078 条。

文献检索的涂料行业化学物质数据主要来自于 Dionisio 等人的研究。该研究建立了一个包含产品用途、消费品成分以及化学品功能用途信息的化学物质数据库（Chemicals and Products Database，CPDat）。使用关键词"Paint""Coating"进行产品用途类别检索，获得涂料相关产品清单 26 项，包括"水性家装涂料""质感涂料""为商业用途生产的涂料""用于工业机械和设备的油漆和底漆产品"等，清单内共包含化学物质信息 6074 条。

3.3.2 涂料行业化学物质清单信息整合

1. 清单信息处理

1）标识信息

合并 7 个来源的化学物质数据后，首先删除无 CAS 号的化学物质，保留 6088 种化学物质的 19958 条数据。移除无 Compound CID 的化学物质后，保留 2530 种化学物质的 9923 条数据。对于 Compound CID 相同的化学物质，删除冗余的重复信息、保留多个 CAS 号、保留唯一 SMILES，最终涂料行业化学物质清单中包含 2530 种化学物质。

2）用途信息

在 7 个化学物质信息来源中，只有 CDR 数据和文献来源数据提供了化学物质在工业加工和使用过程中以及在消费品和商业产品中所属的功能用途信息。CDR 数据中共涉及 USEPA 定义的 81 种功能用途类别，参考 OECD 标准化功能用途对其进行处理，主要为表述方式的统一，如 CDR 中的"Lubricants and lubricant additives"统一为 OECD 中的"Lubricating agent"，"Photosensitive chemicals"统一为"Photosensitive agent"，"Viscosity adjustors"统一为"Viscosity modifiers"等。CPDat 数据库是基于 OECD 标准化功能用途构建的，因此文献来源提供的功能用途信息无需进一步处理。对于同一化学物质，若 CPDat 数据库提供了功能用途信息，则将其作为最终行业清单中的功能用途信息；若 CPDat 数据库未提供功能用途信息，则将 CDR 中经过统一化处理后的功能用途信息纳入化学物质清单。经用途信息处理后，共 1661 种化学物质被分配了 56 个功能用途。

2. 清单信息补充

化学物质名称和 SMILES 是缺失的主要标识信息。首先使用清单内 2530 种化学物质 CAS 号在 USEPA CompTox Chemicals Dashboard 上进行批量查询补充，共补充化学物质名称 2457 个，化学物质 SMILES 标识信息 2287 个。对于无法批量补充的标识信息，在 PubChem 中进行逐一查询补充。经处理后共 869 种化学物质的功能用途信息缺失，主要使用 ChemBK 以及 ChemicalBook 网站进行查询补充。

网站通常提供化学物质所有使用场景下的功能用途信息,因此需要选取与涂料行业明确相关的功能用途。如三羧基甲烷醚(25723-16-4)的主要用途描述为"用作防锈剂、消泡剂和增稠剂,用于金属加工、油漆等工业过程中",选取与涂料行业相关的用途,即消泡剂和增稠剂作为三羧基甲烷醚的功能用途补充进入清单中。通过查询无法进行补充的化学物质,其功能用途信息被标记为"其他",869 种化学物质中共 280 种化学物质的功能用途信息被标记为"其他"。

3.3.3 涂料行业化学物质清单

经化学物质清单信息分析、处理和补充后,建立的涂料行业化学物质清单共包含 2530 种化学物质。根据 OECD 标准化功能用途定义,涂料清单内物质共涉及 56 种功能用途(表 3.2),其中包含超过 100 种化学物质的功能用途包括溶剂(396)、香料(290)、表面活性剂(253)、软化剂和调节剂(199)、增塑剂(168)、颜料(150)、中间体(139)、化学反应调节剂(138)、黏度调节剂(106)、染料(103)和生物杀灭剂(102)。对于部分明确用于涂料工业加工使用过程或存在于涂料产品中,但无法确定具体功能用途的化学物质,其功能用途被归类为"其他",共计 507 种。为后续寻找和设计更安全绿色化学物质,对清单内物质进行了化学结构分类。清单内物质共涉及 85 种化学结构类别(表 3.3),其中包含超过 100 种化学物质的结构类别包括羧酸及其衍生物(Carboxylic acids and derivatives,809)、有机含氧化合物(Organooxygen compounds,674)、有机含氮化合物(Organonitrogen compounds,462)、苯及其取代物(Benzene and substituted derivatives,262)、烷基卤化物(Alkyl halides,151)以及有机类金属化合物(Organometalloid compounds,110)。

表 3.2　涂料行业化学物质清单功能用途分类

序号	功能用途类别	物质数量	占比(%)
1	溶剂	396	15.65
2	香料	290	11.46
3	表面活性剂	253	10.00
4	软化剂和调节剂	199	7.87
5	增塑剂	168	6.64
6	颜料	150	5.93
7	中间体	139	5.49

续表

序号	功能用途类别	物质数量	占比（%）
8	化学反应调节剂	138	5.45
9	黏度调节剂	106	4.19
10	染料	103	4.07
11	生物杀灭剂	102	4.03
12	固化剂	99	3.91
13	乳化剂	85	3.36
14	附着力/黏合力促进剂	83	3.28
15	润滑剂	80	3.16
16	单体	77	3.04
17	除臭剂	75	2.96
18	抗氧化剂	75	2.96
19	防腐剂	69	2.73
20	黏合剂	64	2.53
21	保湿剂	62	2.45
22	抗静电剂	62	2.45
23	分散剂	61	2.41
24	阻燃剂	57	2.25
25	稳定剂	56	2.21
26	紫外线稳定剂	56	2.21
27	光敏剂	54	2.13
28	润湿剂（非水性）	53	2.09
29	催化剂	48	1.90
30	增稠剂	46	1.82
31	清洁剂	43	1.70
32	成膜剂	41	1.62
33	pH调节剂	40	1.58
34	表面改良剂	34	1.34
35	热稳定剂	29	1.15
36	防黏剂/黏合剂	26	1.03
37	发泡剂	24	0.95

续表

序号	功能用途类别	物质数量	占比（%）
38	填充剂	24	0.95
39	螯合剂	21	0.83
40	溶解性增强剂	21	0.83
41	消泡剂	21	0.83
42	密封剂（阻隔）	18	0.71
43	稀释剂	16	0.63
44	不透明剂	14	0.55
45	防水剂	12	0.47
46	非动力推进剂（发泡剂）	11	0.43
47	聚结助剂	11	0.43
48	流动促进剂	8	0.32
49	还原剂	7	0.28
50	催干剂	4	0.16
51	抗结块剂	4	0.16
52	吸附剂	4	0.16
53	防结垢剂	3	0.12
54	绝缘剂	3	0.12
55	聚合促进剂	2	0.08
56	防污剂	1	0.04
57	其他	507	20.04

表 3.3　涂料行业化学物质清单化学结构分类

序号	化学结构类别	化学结构类别	计数
1	Carboxylic acids and derivatives	羧酸及其衍生物	809
2	Organooxygen compounds	有机含氧化合物	674
3	Organonitrogen compounds	有机含氮化合物	462
4	Benzene and substituted derivatives	苯及其取代物	262
5	Alkyl halides	烷基卤化物	151
6	Organometalloid compounds	有机类金属化合物	110

续表

序号	化学结构类别	化学结构类别	计数
7	Fatty Acyls	脂肪酰类化合物	78
8	Organic sulfonic acids and derivatives	有机磺酸及其衍生物	70
9	Phenols	酚类化合物	60
10	Unsaturated hydrocarbons	不饱和烃	59
11	Organic phosphoric acids and derivatives	有机磷酸及其衍生物	53
12	Azoles	唑类化合物	42
13	Saturated hydrocarbons	饱和烃	37
14	Naphthalenes	萘类化合物	36
15	Prenol lipids	类异戊二烯脂类	30
16	Glycerolipids	甘油脂类	26
17	Organic carbonic acids and derivatives	有机碳酸及其衍生物	20
18	Allyl-type 1,3-dipolar Organic nitro compounds	烯丙型 1,3-偶极化合物	19
19	Aromatic hydrocarbons	芳烃	17
20	Pyridines and derivatives	吡啶及其衍生物	17
21	Organic phosphonic acids and derivatives	有机膦酸及其衍生物	13
22	Vinyl halides	乙烯基卤化物	13
23	Organic oxoanionic compounds	有机氧阴离子化合物	12
24	Haloalkenes	卤代烯烃	11
25	Azolidines	氮杂环戊烷	9
26	Quinolines and derivatives	喹啉及其衍生物	9
27	Sulfonyl halides	磺酰卤	9
28	Triazines	三嗪类化合物	9
29	Isoindoles and derivatives	异吲哚及其衍生物	8
30	Polycyclic hydrocarbons	多环烃	8
31	Thioethers	硫醚	8
32	Benzopyrans	苯并吡喃	7
33	Organic oxides	有机氧化物	7
34	Thiols	硫醇	7
35	Acyl halides	酰卤	6
36	Benzofurans	苯并呋喃	6

续表

序号	化学结构类别	化学结构类别	计数
37	Diazanaphthalenes	氮杂萘	6
38	Diazines	二嗪	6
39	Heteroaromatic compounds	杂芳香化合物	6
40	Azacyclic compounds	氮杂环化合物	5
41	Carboximidic acids and derivatives	羧酰亚胺酸及其衍生物	5
42	Benzothiopyrans	苯并硫吡喃	4
43	Phenanthrenes and derivatives	菲及其衍生物	4
44	Sulfonyls	磺酰基	4
45	Aryl halides	芳基卤化物	3
46	Diarylheptanoids	双芳基庚酮类化合物	3
47	Organic thiophosphoric acids and derivatives	有机硫磷酸及其衍生物	3
48	Orthocarboxylic acid derivatives	正羧酸衍生物	3
49	Oxacyclic compounds	含氧杂环化合物	3
50	Pyrroles	吡咯	3
51	Steroids and steroid derivatives	类固醇及其衍生物	3
52	Triazinanes	三嗪烷	3
53	Diazinanes	二嗪烷	2
54	Dioxolanes	二氧戊环	2
55	Furans	呋喃	2
56	Lactones	内酯	2
57	Organic bromide salts	有机溴化盐	2
58	Organic hydroperoxides	有机氢过氧化物	2
59	Organic phosphines and derivatives	有机膦及其衍生物	2
60	Pyrans	吡喃	2
61	Sulfenyl compounds	硫酰化合物	2
62	Tetraalkylphosphonium compounds	四烷基膦盐	2
63	Thiocarboxylic acids and derivatives	硫羧酸及其衍生物	2
64	Thioureas	硫脲	2
65	Anthracenes	蒽类化合物	1
66	Azolines	氮杂环丙烷	1

续表

序号	化学结构类别	化学结构类别	计数
67	Benzoxazines	苯并噁嗪	1
68	Dihydrofurans	二氢呋喃	1
69	Dithiocarbamic acids and derivatives	二硫代氨基甲酸及其衍生物	1
70	Epoxides	环氧化物	1
71	Flavonoids	黄酮类化合物	1
72	Indanes	茚类化合物	1
73	Indoles and derivatives	吲哚及其衍生物	1
74	Isobenzofurans	异苯并呋喃	1
75	Isocoumarans	异香豆烷	1
76	Organic disulfides	有机二硫化物	1
77	Organic dithiophosphoric acids and derivatives	有机二硫磷酸及其衍生物	1
78	Organothiophosphorus compounds	有机硫磷化合物	1
79	Phenanthrolines	菲咯啉	1
80	Sulfinic acids and derivatives	亚磺酸及其衍生物	1
81	Sulfinyl compounds	亚磺酰化合物	1
82	Sulfoxides	亚砜	1
83	Tetralins	四氢萘	1
84	Tetrapyrroles and derivatives	四吡咯及其衍生物	1
85	Thiophenes	噻吩	1

第 4 章　化学物质危害终点指标体系与关注度分级

在已纳入管控化学物质的替代过程中，发现仍然存在替代前后结构相似化学物质造成相似危害的现象，这是由于对化学物质的危害特性关注不全面。为此，各国/地区建立了替代品评估的危害终点指标体系，包括致癌性、致突变性、生殖毒性等。构建适合行业的完整危害终点指标体系和科学关注度分级方法，是开展典型行业化学物质绿色分级的重要内容。

危害终点指标体系与关注度分级，是指基于典型行业特征构建代表性的危害终点指标体系，通过收集与处理多来源的数据和信息，得到典型行业化学物质各个危害终点的关注度分级结果。本章主要介绍了危害终点关注度分级方法，包括危害终点指标体系确定、危害信息收集与处理以及危害终点关注度分级标准 3 个步骤，并以涂料行业化学物质为例，展示了典型行业化学物质危害终点关注度分级的过程和结论。

4.1　化学物质危害终点指标体系

开展化学物质绿色分级过程中，不同的危害终点选择会导致化学物质绿色分级结果不同。化学物质绿色分级中考虑的危害终点，应依其评估的典型行业特征而有所不同，现有方法考虑的危害终点类别包括人体健康危害、生态毒性、环境归趋、物化性质和环境影响，每个类别下涉及的危害终点展示在表 4.1 中，主要来源于美国 DfE《标准》、德国《指南》、CPA《GreenScreen》、OECD《事项指南》等现有替代品评估的危害评估方法。

表 4.1　现有方法关注的危害终点

人体健康危害	生态毒性	环境归趋	物化性质	环境影响
致癌性	急性水生动物毒性	持久性	爆炸性	富营养化
致突变性/基因毒性	慢性水生动物毒性	生物蓄积性	腐蚀性	全球变暖潜力
生殖毒性	蜜蜂急性毒性	迁移性	氧化性	臭氧消耗潜力
发育毒性	禽类急性口服毒性	水中流动性	易燃性	废物生产量

续表

人体健康危害	生态毒性	环境归趋	物化性质	环境影响
内分泌干扰性	禽类急性摄入毒性	空气中的流动性	自反应性	
哺乳动物急性毒性	野生动物生长障碍	长距离迁移潜力	自燃性	
皮肤刺激性	野生动物发育障碍	工作场所释放潜力	自加热性	
眼部刺激性	野生动物生存障碍		与水接触的可燃气体排放	
皮肤致敏性	野生动物生殖障碍			
呼吸道致敏性	生物多样性影响			
靶器官毒性-单次暴露				
靶器官毒性-反复暴露				
免疫毒性				
神经毒性				
表观遗传毒性				

考虑到我国危险化学品管理中对物化性质指标考虑相对较为完善，因此，基于健康危害、生态毒性、环境归趋和全球环境影响四类危害终点开展化学物质绿色分级。分析 USEPA、FEA、CPA 和 OECD 替代品评估中关注的危害终点及其必要性（图 4.1），发现表 4.1 的 44 个危害终点中仅有 15 个在 3 个及以上方法中被认为是必须评估的，这说明在现有技术方法中，危害终点的选择既具有一致性也存在明显的差异。

基于联合国 GHS 分类关注的危害终点、新兴高关注的危害终点、全球关注的环境影响终点三方面考虑，针对每个终点考察其纳入指标体系的必要性与可行性，确定了化学物质绿色分级中需要纳入的危害终点。

GHS 分类在全球范围内得到广泛的认可和使用，中国也于 2011 年将 GHS 分类和标签制度纳入化学品管理中。GHS 关注了急性毒性、皮肤腐蚀/刺激、严重眼损伤/眼刺激、呼吸道或皮肤致敏、生殖细胞致突变性、致癌性、生殖毒性、特异性靶器官毒性-一次接触、特异性靶器官毒性-反复接触、吸入危害 10 个健康危害终点和危害水生环境、危害臭氧层 2 个环境危害终点。参考图 4.1 中的危害终点，结合 GHS 的终点表征形式和数据类型，明确纳入致癌性（C）、致突变性（M）、生殖毒性（R）、急性毒性（AT）、特异性靶器官毒性-一次接触（ST-SE）、特异性靶器官毒性-反复接触（ST-RE）、皮肤腐蚀/刺激（IrS）、严重眼损伤/眼刺激（IrE）、呼吸道或皮肤致敏（S）9 个健康毒性终点，而由于吸入危害在急性毒性、致敏性等危害终点中均有涉及,为防止终点评价的重复性,不将吸入危害纳入危害终点指标体系中。危害水生环境在 GHS 分类中分为急性水生毒性(H400、H401、H402)和慢性水生毒性(H410、H411、H412),因此,生态毒性终点纳入急性水生毒性(AA)和慢性水生毒性(CA)2 种。此外,还将危害臭氧层(ODP)终点纳入全球环境影响中。

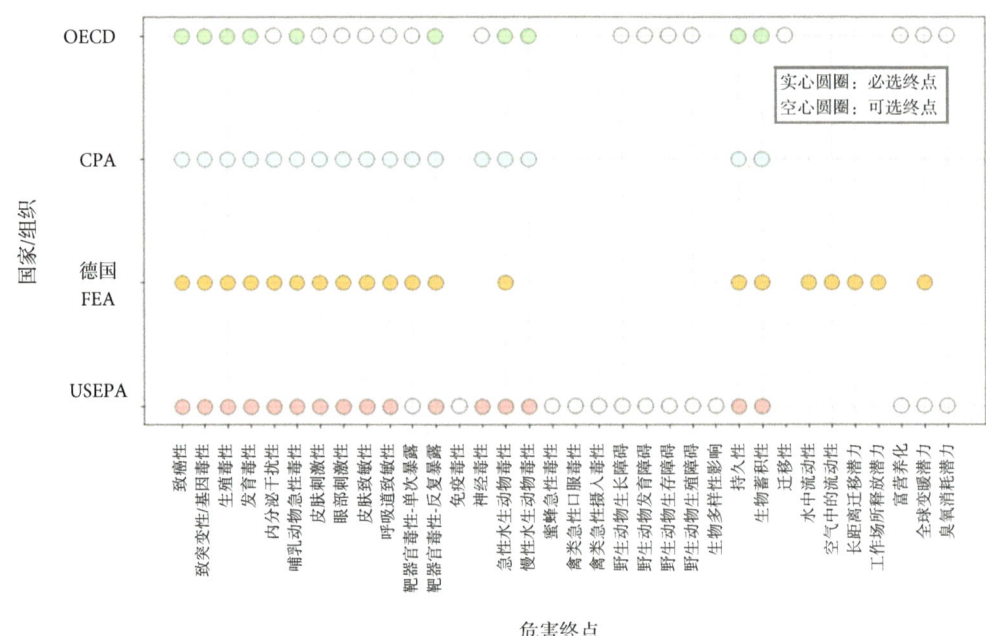

图 4.1 国际典型替代品危害评估方法中的危害终点及其必要性

近年来内分泌干扰活性、持久性、生物蓄积性、迁移性和神经毒性等终点成为新兴高关注的危害终点。内分泌干扰物是近年来国际社会广泛关注的重要环境污染物。世界卫生组织(World Health Organization, WHO)将内分泌干扰物定义为,通过改变内分泌系统功能,引发生物体或其后代、生物种(亚)群不良健康效应的外源性物质或混合物。GHS 已将内分泌干扰物分类纳入到更新计划中,且 USEPA、FEA、CPA 和 OECD 的替代品评估均将内分泌干扰活性纳入评估中,这说明了评价内分泌干扰活性的重要性,有必要将内分泌干扰活性(E)纳入到危害终点指标体系中。环境归趋终点,如持久性、生物蓄积性和迁移性,是近年来管理上关注的重点。PBT 类物质是指具有持久性、生物蓄积性和毒性的物质,vPvB 类物质是指具有极高持久性和极高生物蓄积性的物质。这些物质可以通过空气和洋流长距离输送,并且积聚在活体生物的机体组织中,呈现出急性毒性或慢性毒性,可能引起对人类健康和环境的严重危害。2023年4月起,《欧盟物质和混合物的分类、标签和包装法规》(Classification, Labeling and Packaging, CLP)已将PMT类物质纳入危害性分类种类,对迁移性的研究开始不断增多。PMT物质的概念与PBT物质类似,指具有持久性、迁移性和毒性的物质。现有研究表明具有高迁移性的物质,可能通过水体迁移到远离排放源的区域,使更多人群和环境生物暴露于该物质,从而增加对环境和人体健康的潜在危害。因此,将持久性(P)、生物蓄积性(B)和迁移性(Mo)3个环境归趋终点纳入危害终点指标体系中一同考虑。神经毒性也是近年来研究关注的热点,其在USEPA和CPA的替代品评估中是必要终点,而在FEA和OECD的替代品评估中没有提及。由于神经毒性目前致毒机制不清,单一数据难以确定化学物质是否具有神经毒性,且在GHS的特异性靶器官毒性-一次接触和特异性靶器官毒性-反复接触2个终点中,已经将神经毒物纳入考量,因此,暂时不纳入神经毒性终点。

温室气体和碳排放是全球关注的环境影响终点。GHS已将温室效应纳入到更新计划中,而碳排放是近年来管理关注的热点,我国已将"碳达峰"和"碳中和"纳入国家发展规划和政策框架,在"十四五"规划中明确提出,力争在2030年前实现碳达峰,2060年前实现碳中和。因此,将温室效应(GE)和生产过程碳排放(CE)作为危害终点指标体系中的全球环境影响终点,以增强危害终点指标体系的全面性。

对于其他未纳入的终点,主要有以下两种原因:部分终点是由于现有研究数量较少,且没有成熟的分级依据,比如仅在USEPA替代品评估中出现的禽类急性毒性、蜜蜂急性毒性、富营养化、免疫毒性等;另一部分终点是由于其适用范围有限,建议可在对应的特殊行业化学物质绿色分级中考虑,如野生动物发育毒性、野生动物生殖毒性等。

基于上述考量,最终确定化学物质绿色分级需要关注的危害终点(表4.2)包括10个健康危害终点、2个生态毒性终点、3个环境归趋终点和3个全球环境影响终点。前期针对500余种化学物质的绿色分级结果显示,1级化学物质占比仅为4.41%(23个),这一结果验证了该危害终点指标体系能够全面评价化学物质可能存在的危害特性,满足化学物质绿色分级的需求。

表4.2 化学物质绿色分级关注的危害终点

健康危害(10个)	生态毒性(2个)	环境归趋(3个)	全球环境影响(3个)
致癌性(C)	急性水生毒性(AA)	持久性(P)	温室效应(GE)
致突变性(M)	慢性水生毒性(CA)	生物蓄积性(B)	臭氧消耗潜能(ODP)
生殖和发育毒性(R)	—	迁移性(Mo)	生产过程碳排放(CE)
内分泌干扰效应(E)			

续表

健康危害（10个）	生态毒性（2个）	环境归趋（3个）	全球环境影响（3个）
急性毒性（AT）	—	—	—
特异性靶器官毒性-一次接触（SE-ST）	—	—	—
特异性靶器官毒性-反复接触（ST-RE）	—	—	—
皮肤刺激性（IrS）	—	—	—
眼部刺激性（IrE）	—	—	—
致敏性（S）	—	—	—

4.2 化学物质危害信息收集与处理

危害信息包含危害数据和危害分类信息等。收集和处理危害信息，是为了对各个危害终点开展关注度分级，优先考虑已有的权威危害分类信息，如 GHS 分类信息等；在未收集到危害分类信息时，需采用实测数据和预测数据填补。建议的危害信息来源包括：

（1）GHS 分类信息：GHS 分类信息是各个国家参照联合国发布的《全球化学品统一分类和标签制度》，开展化学物质分类后的结果，是危害终点关注度分级中优先级和可信度最高的数据来源。

（2）REACH 来源信息：ECHA 下的分类信息，是欧盟 REACH 注册中提交的化学物质参照 GHS 方法得到的分类信息。由于 REACH 注册信息是由企业提交的注册分类信息，因此，置信度较官方机构发布的 GHS 信息较差。

（3）实验数据：实验数据包括开展规范化试验得到的数据和从权威来源数据库和文献中获得的实验数据。实验数据中，实际开展试验得到的数据优先级要高于来自权威数据库和文献中的已有数据。

（4）预测数据：对于上述来源均未收集到信息的危害终点，采用可靠的预测模型开展预测以填补数据空缺。

若化学物质在上述 4 个来源均未收集到信息或数据，则该危害终点标记为"DG"，代表数据缺失。

4.2.1 GHS 分类信息

GHS 分类是由联合国推出的一套分类方法，目的是尽可能地避免化学物质从其生产到处理、运输、使用的各个不同环节中，对人类健康和生态环境可能产生的危害。2003 年 7 月，联合国经社理事会正式通过 GHS 文书，并授权将其翻译成联合国 5 种正式语言文字在全世界范围内发布，其目的是让尚未建立化学品危险性分类和标签制度的国家以 GHS 为基础，制定本国的化学品安全管理法规政策，同时让已经建立化学品分类和标签制度的国家修改完善本国的分类制度，并与 GHS 保持一致。但 GHS 并未对各国施加约束性的条约任务，各主管当局可以根据本国实际情况自主决定采用 GHS 中的哪些危险性分类种类/类别。由于 GHS 在全球各个国家/地区的分类与标签制度中的一致性，因此，选择 GHS 结果作为危害终点关注度分级的依据和最高置信来源。

全球目前有 85 个国家和地区参照 GHS 实施了化学品分类和标签制度，并有部分国家构建了化学物质分类结果数据库（表 4.3）。即便各个国家/地区均采用 GHS 方法，但仍然存在化学物质的 GHS 分类在国家/地区之间不一致的情况，这是由三方面原因造成的。一是，各个国家/地区实施的 GHS 版本不同。GHS 自 2003 年出版起，每两年均会根据需要进行更新、修订和改进，2023 年出版的 GHS 第 10 修订版是截至目前的最新修订版。然而，各个国家/地区的化学品管理法规难以频繁更新，因此，大部分国家/地区使用的仍然是推行本国法规时的 GHS 版本，少数在施行过程中有过 1~2 次修订。例如，2011 年 3 月，中国发布了《危险化学品安全管理条例》（第 591 号令），该条例于 2011 年 12 月 1 日生效，要求各公司按照实施 GHS 的适用国家标准提供 SDS 和标签，此时联合国发布 GHS 第 4 修订版，因此，截至今日我国仍然采用 GHS 第 4 修订版开展危化品管理；而澳大利亚通过《工作健康和安全》（Work Health and Safety, WHS）等法律实施 GHS，并于 2021 年 1 月 1 日要求制造商和进口商开始向 GHS 第 7 修订版过渡，为期两年，目前澳大利亚已全面采用 GHS 第 7 修订版开展化学物质管理。二是，各个国家/地区采纳的 GHS 终点类型/类别不同。由于联合国不强制要求采纳全部危险性分类种类/类别，不同国家/地区之间的分类种类/类别存在差异。例如，欧盟 CLP 法规在慢性水生毒性终点下仅有 1 类分类（H410），不将化学品分至 2 类（H411）或 3 类（H412），而我国采纳慢性水生毒性的全部 3 项分类，这会导致在我国分类中为慢性水生毒性 2 类的化学物质，在欧盟 CLP 法规体系下无分类。三是，各个国家正式发布 GHS 结果前，需经过数据收集、初步评估、专家判断、公开征求意见等过程，选用的数据不同也会导致最终评估结果不同。例如双酚 A（80-05-7）

的特异性靶器官毒性-一次接触在日本的分类为 1 类（呼吸道系统），然而在澳大利亚和欧盟的分类为 3 类。

表 4.3 部分国家/地区现有 GHS 分类数据库

地区/国家	建立机构	数据库名称	化学物质个数
中国	原国家安全监管总局	危险化学品分类信息表	2828
欧盟	欧洲化学品管理局	欧盟 CLP 分类清单(C&L Inventory)	4301
澳大利亚	澳大利亚工作安全委员会	危险化学品信息系统（Hazardous Chemical Information System, HCIS）	6476
日本	日本国立产品评价和技术基础机构	GHS-Japan	3341
新西兰	新西兰环境保护署	化学品分类和信息数据库（Chemical Classification and Information Database）	5400 余个

从我国、欧盟、澳大利亚、日本、新西兰、美国等全球范围内的国家数据库中，以化学物质 CAS 号为索引，获得化学物质的 GHS 分类信息，图 4.2 展示了在澳大利亚危险化学品信息系统中查询双酚 A 的 GHS 分类信息界面。当在不同国家/地区来源的数据库中，收集到某一物质某一危害终点的不同 GHS 分类信息，那么选择该终点最敏感的分类信息作为表征信息。例如，双酚 A 在澳大利亚和日本的特异性靶器官毒性-一次接触的分类存在不同，更敏感的是日本 GHS 分类信息，因此，将 1 类作为表征该化学物质特异性靶器官毒性-一次接触危害终点的最终信息。

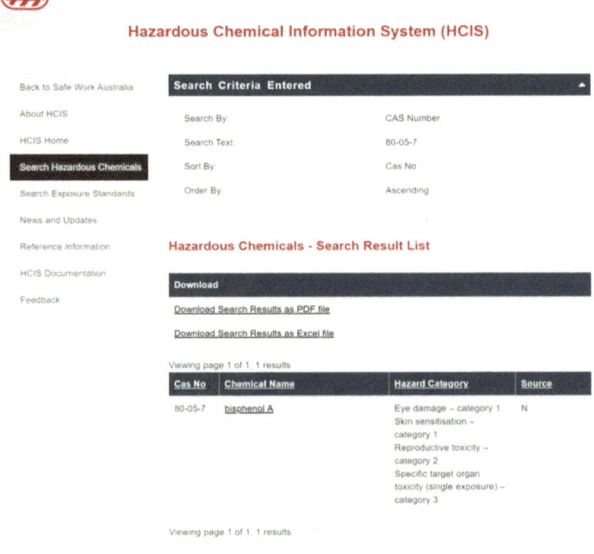

图 4.2 澳大利亚危险化学品信息系统查询结果

4.2.2 REACH 来源信息

REACH 是由欧盟委员会发布，ECHA 实施的化学品管理法规，2007 年 6 月 1 日正式生效，并从 2008 年 6 月 1 日起在欧盟正式实施。REACH 要求年产量超过 1 吨的现有化学物质和新化学物质以及应用于各种产品中的化学物质，均需要通过注册才可以在欧盟境内生产或进口。目前依照 REACH 法规在 ECHA 注册并通过审核的化学物质超过 3 万种，是较为充足和可信的数据来源。

REACH 法规要求提交的化学物质信息分为物化性质、健康效应、环境行为和生态毒性三类，共 57 个终点，包括了 4.1 构建的危害终点指标体系中的全部终点。由于 REACH 数据是由企业提交的分类信息，经 ECHA 审核通过，因此其置信度低于全球各国/地区的权威 GHS 分类信息。REACH 来源信息可在 ECHA CHEM 数据库（https://echa.europa.eu/echa-chem）中通过输入 CAS 号进行查询（图 4.3）。由于 REACH 要求合并对同一物质的申报注册，以减少化学实验和重复申报，因此，将联合提交中主申报（joint submission-lead）的分类信息作为危害终点的最终信息。

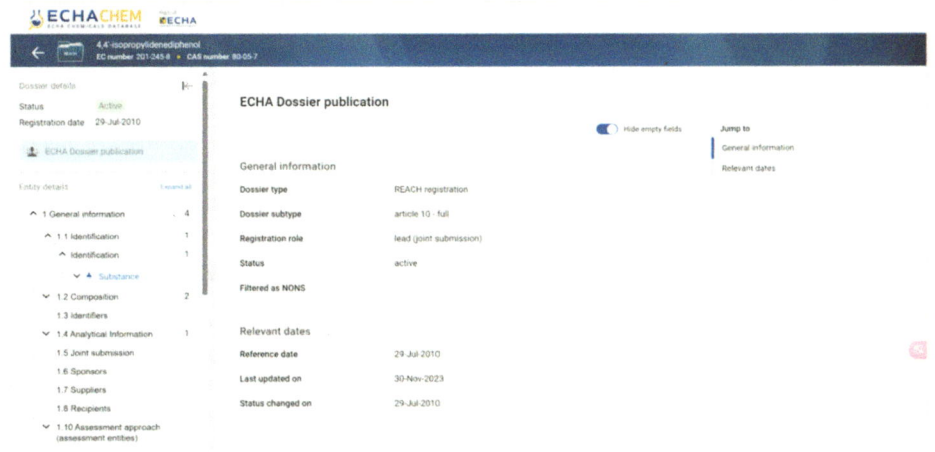

图 4.3　ECHA CHEM 的注册信息查询结果

4.2.3 实验数据

当某一化学物质在全球各个国家/地区的 GHS 数据库和欧盟 REACH 注册信息中均未收集到结果，那么可以使用实验数据作为补充。在 GLP 实验室依据 OECD 标准测试指南开展试验获得的数据是最佳的实验数据来源，每个终点的推荐测试方法见表 2.1。当无法开展试验时，国内外的权威毒性数据库数据也可以作为数据来源，推荐数据库见表 4.4。当从上述途径均未获得数据时，也接受其他来源数据，如高质量文献等，但需要基于数据是否在 GLP 实验室获得、是否参照 OECD 标准测试方法获得等信息开展综合判定，保证数据质量。

表 4.4 推荐的化学物质毒性数据库

序号	数据库名称	生态毒性	健康毒性
1	Acute Oral toxicity	—	√
2	ADME database	—	√
3	Agency for Toxic Substances and Disease Registry (ATSDR) database	—	√
4	Aquatic ECETOC	√	—
5	Aquatic Japan MoE	√	—
6	Aquatic OASIS	√	—
7	Bacterial mutagenicity ISSSTY	—	√
8	Biocides and plant protection ISSBIOC	—	√
9	Carcinogenic Potency Database (CPDB)	—	√
10	Carcinogenicity&mutagenicity ISSCAN	—	√
11	Cell Transformation Assay ISSCTA	—	√
12	Dendritic cells COLIPA	—	√
13	Developmental & Reproductive Toxicity (DART)	—	√
14	Developmental toxicity database (CAESAR)	—	√
15	Developmental toxicity ILSI	—	√
16	ECOTOX	√	—
17	Eye Irritation ECETOC	—	√
18	GARD Skin sensitization	—	√
19	Genotoxicity & Carcinogenicity ECVAM	—	√
20	Genotoxicity OASIS	—	√
21	Genotoxicity pesticides EFSA	—	√
22	Half-Life Mammalian Toxicokinetic Database MamTKDB	—	√
23	Human Half-Life	—	√
24	Human skin sensitisation NICEATM/BfR	—	√

续表

序号	数据库名称	生态毒性	健康毒性
25	Integrated Risk Information System	—	√
26	Keratinocyte gene expression Givaudan	—	√
27	Keratinocyte gene expression LuSens	—	√
28	Micronucleus ISSMIC	—	√
29	Micronucleus OASIS	—	√
30	MUNRO non-cancer EFSA	—	√
31	Open Food Tox Hazard EFSA	√	√
32	Photosensitivity database	—	√
33	REACH Skin sensitisation database	—	√
34	Receptor Mediated Effects	—	√
35	Rep Dose Tox Fraunhofer ITEM	—	√
36	Repeated Dose Toxicity HESS	—	√
37	Rodent Inhalation Toxicity Database	—	√
38	Skin Irritation	—	√
39	Skin Sensitization	—	√
40	Skin sensitization ECETOC	—	√
41	Skin Sensitization OASIS (normalized)	—	√
42	ToxCastDB	—	√
43	Toxicity data on pharmaceuticals (US FDA)	—	√
44	Toxicity Japan MHLW	—	√
45	Toxicity to reproduction (ER)	—	√
46	ToxRefDB US-EPA	—	√
47	Transgenic Rodent Database	—	√
48	Yeast estrogen assay database	—	√
49	ZEBET database	—	√

为保证危害终点可分级，规定了每个危害终点推荐的数据类型（表 4.5）。在实验数据的数据处理中，健康危害终点的定量数据选择最敏感的数据作为最终数据，定性结果采用多数票的决策方法，例如当阳性结果多于阴性结果时，选择阳性作为该终点的最终数据。生态毒性终点数据参照《淡水生物水质基准推导技

指南》（HJ831）的数据处理方法，对于同一物种数据，取其几何平均值作为最终数据，对于不同物种数据，取其最敏感的数据作为最终数据。

表 4.5　危害终点推荐收集的数据终点类型

危害终点名称	数据类型
致癌性	定性结果（阴性/阳性）
致突变性	定性结果（阴性/阳性）
生殖/发育毒性	定性结果（阴性/阳性）、经口 LD_{50}（mg/kg）、经皮肤 LD_{50}、经呼吸 LC_{50}（蒸气/气体）、经呼吸 LC_{50}（灰尘/烟雾/烟尘）
急性毒性	定性结果（阴性/阳性）、经口 LD_{50}（mg/kg）、经皮肤 LD_{50}、经呼吸 LC_{50}（蒸气/气体）、经呼吸 LC_{50}（灰尘/烟雾/烟尘）
特异性靶器官毒性-一次接触	定性结果（阴性/阳性）、经口[mg/(kg·bw·d)]、经皮肤[mg/(kg·bw·d)]、经呼吸（蒸气/气体）[(mg/L)/(6h/d)]、经呼吸（灰尘/烟雾/烟尘）[(mg/L)/(6h/d)]
皮肤刺激性	定性结果（阴性/阳性）
眼部刺激性	定性结果（阴性/阳性）
内分泌干扰效应	内分泌干扰物清单
特异性靶器官毒性-反复接触	定性结果（阴性/阳性）、经口[mg/(kg·bw·d)]、经皮肤[mg/(kg·bw·d)]、经呼吸（蒸气/气体）[(mg/L)/(6h/d)]、经呼吸（灰尘/烟雾/烟尘）[(mg/L)/(6h/d)]
致敏性	定性结果（阴性/阳性）
急性水生毒性	LC_{50} 或 EC_{50}（mg/L）
慢性水生毒性	NOEC 或 LOEC（mg/L）
持久性	是否快速生物降解和水、土壤或沉积物半衰期
生物蓄积性	BCF/BAF
迁移性	$\log K_{OC}$
温室效应	温室气体清单
臭氧消耗潜能	消耗臭氧层物质清单
生产过程碳排放	生产 1 kg 化学物质排放的 CO_2 量

4.2.4　预测数据

计算毒理学是近年来的新兴领域，通常是指借助数学模型、人工智能等先进的计算机辅助手段，基于统计学、生物学科、化学、物理等基础学科知识，预测相关毒理学数据，实现对毒性物质的风险评估。基于定量结构效应关系（Quantitative Structure - Activity Relationship, QSAR）搭建的现有预测模型已经较为成熟，欧盟 REACH 在化学物质注册中，已接受使用预测模型填补数据空缺。因此，对于未收集到分类信息和实验数据的危害终点，推荐使用预测模型进行补充。使用的预测模型需要有严格的应用域说明，并确保预测的化学物质在模型应用域内。目前对于有机化学物质，已有较为成熟的健康危害、生态毒性和环境归趋预测模型，推荐使用的预测模型见表 4.6。

表 4.6　推荐的危害终点预测模型

模型名称	可预测终点
EPISuite	持久性、生物蓄积性、迁移性
ECOSAR	急性水生毒性、慢性水生毒性
VEGA	致癌性、致突变性、发育毒性、急性毒性、皮肤刺激性、眼部刺激性、致敏性、水生急性毒性、水生慢性毒性
QSARToolBox	致癌性、致突变性、发育毒性、急性毒性、皮肤刺激性、眼部刺激性、特异性靶器官毒性、致敏性
DanishQSAR	致癌性、致突变性、发育毒性、急性毒性、皮肤刺激性、眼部刺激性、特异性靶器官毒性、致敏性

几乎全部的化学物质危害终点都有多个可选的预测模型，但目前国际上的化学物质绿色分级相关方法，包括 USEPA、CPA、FEA、OECD 等，均未提供预测数据的详细处理方法，因此，需要构建一套完整的预测数据处理方法。我们将预测模型的预测结果和模型置信度两方面相结合，针对定性健康危害终点、定量健康危害终点、生态毒性终点和环境归趋终点 4 种终点数据，构建了一套预测数据处理方法：

（1）定性健康危害终点是指预测出的数据为阴性（Negative）/可能阳性（Possible Positive）/阳性（Positive），阴性、可能阳性、阳性分别赋值为 1、2、3。选择置信度得分最高的模型，若只有一个模型，则该模型的预测数据为最终数据；若有多个模型置信度得分最高且相同，则按照下列公式计算最终数据：

$$最终数据 = \frac{\sum 预测结果得分(3 \text{ or } 2 \text{ or } 1)}{模型数量}$$

（2）定量健康危害终点是指预测出的数据为表 4.5 推荐的定量数据类型，如急性毒性预测的经口 LD_{50}。选择置信度得分最高的模型，若只有一个模型，则该模型的预测数据为最终数据；若有多个模型置信度得分最高且相同，则取最敏感的模型结果作为最终数据。

（3）生态毒性终点预测数据均为定量数据，使用预测模型得到的水生急性毒

性终点包括鱼类 LC_{50}、藻类 EC_{50}、溞类的 EC_{50}，使用预测模型得到的水生慢性毒性终点鱼类、藻类、溞类的 LOEC/NOEC。每个物种均选择置信度得分最高的模型，若只有一个模型，则该模型的预测数据为该物种的数据；若有多个模型置信度得分最高且相同，则按照 HJ 831 的要求，取全部模型预测数据的几何平均值，作为该物种数据，且保留选用模型的置信度结果。对于不同物种，仍然选择置信度得分最高的模型，若只有一个物种数据，则该物种预测数据为最终数据；若有多个物种数据，则选择最敏感物种结果为最终数据。

4.3 化学物质危害终点关注度分级

为了增强危害终点之间的可比性，便于对化学物质开展绿色等级判定，危害终点的关注度分级是化学物质绿色分级中必不可少的步骤。参照 CPA 基于 GHS 的危害终点关注度分级方法和 USEPA 基于实验数据的关注度分级方法，进一步补充对预测数据的研究，构建一套 18 个危害终点的关注度分级标准。将危害终点分为高关注度、中关注度和低关注度，部分终点还包括极高关注度分级。

对于欧盟 REACH 化学物质信息，由于欧盟 CLP 分类是 GHS 分类下衍生的化学物质分类方法，因此，主要参照 GHS 信息的危害终点分级方法进行调整。由于健康危害终点的致毒机制和判定依据均较为复杂，预测数据置信度相较 GHS、REACH 来源信息和实验数据较差，因此，当用预测数据作为缺失数据补充时，为了不对化学物质绿色分级结果产生决定性影响，不将由预测数据判定的健康危害终点划分到最高关注度的等级，如当预测模型得到的化学物质致癌性结果为阳性，仅将其划分为中关注度，而非高关注度。

4.3.1 人体健康危害分级

1. 致癌性分级

致癌性是指暴露于一种化学物质后导致癌症或增加癌症发病率的情况。在危害终点关注度分级中，对照 GHS 的分类级别，将致癌性分为高关注度、中关注度和低关注度 3 级。在致癌性关注度分级中，接受 GHS 分类信息、REACH 来源信息、实验数据和预测数据。对于从上述 4 种来源，收集到的化学物质致癌性数据，危害终点的关注度分级方法见表 4.7。

第4章 化学物质危害终点指标体系与关注度分级

表 4.7 致癌性关注度分级方法

数据来源	终点类型	高关注度	中关注度	低关注度
GHS 分类信息	—	• 1A 或 1B 类 • H350 或 H350i	• 2 类 • H351	无需分类
REACH 来源信息	—	• 1A 或 1B 类	• 2 类	无需分类
实验数据	—	已知或推定或疑似人类致癌物	有限或不足的动物致癌性证据	有充足的阴性研究或基于可靠机制的 SAR
预测数据	定性预测数据	—	2<预测分数≤3	1≤预测分数≤2

2. 致突变性分级

致突变性是指暴露于某一种化学物质后发生的遗传基因突变，包括生殖细胞的遗传结构畸变和染色体数量异常。对照 GHS 的分类级别，将致突变性分为高关注度、中关注度和低关注度 3 级。在致突变性关注度分级中，接受 GHS 分类信息、REACH 来源信息、实验数据和预测数据。对于从上述 4 种来源，收集到的化学物质致突变性数据，危害终点的关注度分级方法见表 4.8。

表 4.8 致突变性关注度分级方法

数据来源	终点类型	高关注度	中关注度	低关注度
GHS 分类信息	—	• 1A 或 1B 类 • H340	• 2 类 • H341	无需分类
REACH 来源信息	—	• 1A 或 1B 类	• 2 类	无需分类
实验数据	—	已知的可诱导遗传突变或被视为可在人类生殖细胞中有道遗传突变的物质	人类或动物体内或体外体细胞阳性结果	染色体畸变和基因突变结果阴性，或不存在警示结构
预测数据	定性预测数据	—	2<预测分数≤3	1≤预测分数≤2

3. 生殖/发育毒性分级

生殖/发育毒性是指暴露于一种化学物质后，对成年男性和成年女性性功能和生育能力的有害影响，以及对后代的发育毒性。生殖毒性分为两大类：①对性功能和生育能力的有害影响，任何化学物质干扰性功能和生育功能的效应，包括但不限于对雌性和雄性生殖系统的改变，对青春期的开始、生殖细胞产生和输送、生殖周期正常状态、性行为、生育能力、分娩、怀孕结果的有害影响，过早生殖衰老，或者对依赖生殖系统完整性的其他功能的改变；②对后代发育的有害影响，发育毒性包括出生前或出生后干扰胎儿正常发育的任何效应，效应的产生是由于受孕前父母任意一方的暴露，或者正在发育之中的后代在出生前或出生后到性成熟之前这一期间的暴露，发育毒性的主要表现包括发育中的生物体死亡、结构畸形、生长改变以及功能缺陷。对照 GHS 的分类级别，将生殖/发育毒性分为高关注度、中关注度和低关注度 3 级。在生殖/发育毒性关注度分级中，接受 GHS 分类信息、REACH 来源信息、实验数据和预测数据。对于从上述 4 种来源，收集到的化学物质生殖/发育毒性数据，危害终点的关注度分级方法见表 4.9。

表 4.9 生殖/发育毒性关注度分级方法

数据来源	终点类型	高关注度	中关注度	低关注度
GHS 分类信息	—	・1A 或 1B 类 ・H360	・2 类 ・H361 或 H362	无需分类
REACH 来源信息	—	・1A 或 1B 类	・2 类	无需分类
实验数据	经口 LD_{50}（mg/kg）	<250	>250~1000	>1000
实验数据	经皮肤 LD_{50}（mg/kg）	<500	>500~2000	>2000
实验数据	经呼吸 LC_{50}（蒸气/气体）（mg/L）	<2.5	>2.5~20	>20
实验数据	经呼吸 LC_{50}（灰尘/烟雾/烟尘）[mg/(L·d)]	<0.5	>0.5~5	>5
预测数据	定性预测数据	—	2<预测分数≤3	1≤预测分数≤2

4. 哺乳动物急性毒性分级

哺乳动物急性毒性指一次或短时间经口、经皮或吸入接触一种化学物质后，出现严重损害健康的效应（即致死）。对照 GHS 的分类级别，将哺乳动物急性毒性分为极高关注度、高关注度、中关注度和低关注度 4 级。在哺乳动物急性毒性关注度分级中，接受 GHS 分类信息、REACH 来源信息、实验数据和预测数据。对于从上述 4 种来源，收集到的化学物质哺乳动物急性毒性数据，危害终点的关注度分级方法见表 4.10。

第4章 化学物质危害终点指标体系与关注度分级

表 4.10 哺乳动物急性毒性关注度分级方法

数据来源	终点类型	极高关注度	高关注度	中关注度	低关注度
GHS 分类信息	—	· 1 或 2 类 · H300 或 H310 或 H330	· 3 类 · H301 或 H311 或 H331	· 4 类 · H302 或 H312 或 H332	5 类或无需分类
REACH 来源信息	—	· 1 或 2 类	· 3 类	· 4 类	无需分类
实验数据	经口 LD_{50}（mg/kg）	≤50	>50~300	>300~2000	>2000
	经皮肤 LD_{50}（mg/kg）	≤200	>200~1000	>1000~2000	>2000
	经呼吸 LC_{50}（蒸气/气体）（mg/L）	≤2	>2~10	>10~20	>20
	经呼吸 LC_{50}（灰尘/烟雾/烟尘）[mg/(L·d)]	≤0.5	>0.5~1.0	>1.0~5	>5
预测数据	定性预测数据	—	2.33<预测分数≤3	1.67<预测分数≤2.33	1≤预测分数≤1.67
	预测经口 LD_{50}（mg/kg）	—	≤300	>300~2000	>2000
	预测经皮肤 LD_{50}（mg/kg）	—	≤1000	>1000~2000	>2000
	预测经呼吸 LC_{50}（蒸气/气体）（mg/L）	—	≤10	>10~20	>20
	预测经呼吸 LC_{50}（灰尘/烟雾/烟尘）[mg/(L·d)]	—	≤1.0	>1.0~5	>5

5. 特异性靶器官毒性分级

1）一次接触分级

特异性靶器官毒性-一次接触是指一次暴露于一种化学物质后对靶器官产生的特定、非致死毒性效应，所有可能损害机能的、可逆和不可逆的、即时和/或延迟的显著健康影响。对照 GHS 的分类级别，将特异性靶器官毒性-一次接触分为极高关注度、高关注度、中关注度和低关注度 4 级。在特异性靶器官毒性-一次接触关注度分级中，接受 GHS 分类信息、REACH 来源信息、实验数据和预测数据。对于从上述 4 种来源，收集到的化学物质特异性靶器官毒性-一次接触数据，危害终点的关注度分级方法见表 4.11。

表 4.11　特异性靶器官毒性-一次接触关注度分级方法

数据来源	终点类型	极高关注度	高关注度	中关注度	低关注度
GHS 分类信息	—	· 1 类 · H370	· 2 类 · H371	· 3 类 · H335 或 H336	无需分类
REACH 来源信息	—	· 1 类	· 2 类	· 3 类	无需分类
实验数据	经口[mg/(kg·bw·d)] 90 天（13 周） 40~50 天 28 天（4 周）	—	<10 <20 <30	10~100 20~200 30~300	>100 >200 >300
实验数据	经皮肤 [mg/(kg·bw·d)] 90 天（13 周） 40~50 天 28 天（4 周）	—	<20 <40 <60	20~200 40~400 60~600	>200 >400 >600
实验数据	经呼吸（蒸气/气体） [(mg/L)/(6h/d)] 90 天（13 周） 40~50 天 28 天（4 周）	—	<0.2 <0.4 <0.6	0.2~1.0 0.4~2.0 0.6~3.0	>1.0 >2.0 >3.0
实验数据	经呼吸（灰尘/烟雾/烟尘） [(mg/L)/(6h/d)] 90 天（13 周） 40~50 天 28 天（4 周）	—	<0.02 <0.04 <0.06	0.02~0.2 0.04~0.4 0.06~0.6	>0.2 >0.4 >0.6
预测数据	定性预测数据	—	—	阳性	阴性
预测数据	预测经口[mg/(kg·bw·d)] 28 天（4 周）	—	<30	30~300	>300
预测数据	预测经皮肤 [mg/(kg·bw·d)] 28 天（4 周）	—	<60	60~600	>600
预测数据	预测经呼吸（蒸气/气体） [(mg/L)/(6h/d)] 28 天（4 周）	—	<0.6	0.6~3.0	>3.0
预测数据	预测经呼吸（灰尘/烟雾/烟尘） [(mg/L)/(6h/d)] 28 天（4 周）	—	<0.06	0.06~0.6	>0.6

2）反复接触分级

特异性靶器官毒性-反复接触是指反复暴露于一种化学物质对靶器官产生的特定毒性效应，包括所有能够损害机能的显著健康影响，包括可逆的和不可逆的。对照 GHS 的分类级别，将特异性靶器官毒性-反复接触分为高关注度、中关注度和低关注度 3 级。在特异性靶器官毒性-反复接触关注度分级中，接受 GHS 分类信息、REACH 来源信息、实验数据和预测数据。对于从上述 4 种来源，收集到的化学物质特异性靶器官毒性-反复接触数据，危害终点的关注度分级方法见表 4.12。

表 4.12 特异性靶器官毒性-反复接触关注度分级方法

数据来源	终点类型	高关注度	中关注度	低关注度
GHS 分类信息	—	· 1 类 · H372	· 2 类 · H373	无需分类
REACH 来源信息	—	· 1 类	· 2 类	无需分类
实验数据	经口[mg/(kg-bw·d)] 90 天（13 周） 40~50 天 28 天（4 周）	<10 <20 <30	10~100 20~200 30~300	>100 >200 >300
实验数据	经皮肤[mg/(kg-bw·d)] 90 天（13 周） 40~50 天 28 天（4 周）	<20 <40 <60	20~200 40~400 60~600	>200 >400 >600
实验数据	经呼吸（蒸气/气体） [(mg/L)/(6h/d)] 90 天（13 周） 40~50 天 28 天（4 周）	<0.2 <0.4 <0.6	0.2~1.0 0.4~2.0 0.6~3.0	>1.0 >2.0 >3.0
实验数据	经呼吸（灰尘/烟雾/烟尘） [(mg/L)/(6h/d)] 90 天（13 周） 40~50 天 28 天（4 周）	<0.02 <0.04 <0.06	0.02~0.2 0.04~0.4 0.06~0.6	>0.2 >0.4 >0.6
预测数据	定性预测数据	—	阳性	阴性
预测数据	预测经口[mg/(kg-bw·d)] 28 天（4 周）	—	≤300	>300
预测数据	预测经皮肤[mg/(kg-bw·d)] 28 天（4 周）	—	≤600	>600
预测数据	预测经呼吸（蒸气/气体） [(mg/L)/(6h/d)] 28 天（4 周）	—	≤3.0	>3.0
预测数据	预测经呼吸（灰尘/烟雾/烟尘） [(mg/L)/(6h/d)] 28 天（4 周）	—	≤0.6	6

6. 刺激性分级

1）皮肤刺激性分级

皮肤腐蚀是指对皮肤造成不可逆损伤，即在暴露于一种化学物质后发生的可观察到的表皮和真皮坏死；皮肤刺激是指在暴露于一种化学物质后对皮肤造成的可逆损伤。对照 GHS 的分类级别，将皮肤刺激性分为极高关注度、高关注度、中关注度和低关注度 4 级。在皮肤刺激性关注度分级中，接受 GHS 分类信息、REACH 来源信息、实验数据和预测数据。对于从上述 4 种来源，收集到的化学物质皮肤刺激性数据，危害终点的关注度分级方法见表 4.13。

表 4.13 皮肤刺激性关注度分级方法

数据来源	终点类型	极高关注度	高关注度	中关注度	低关注度
GHS 分类信息	—	・1 类 ・H314	・2 类 ・H315	・3 类 ・H316	无需分类
REACH 来源信息	—	・1 或 1A 或 1B 或 1C 类	・2 类		无需分类
实验数据	—	具有腐蚀性	72 小时内出现严重刺激	48 小时内出现中度刺激	24 小时内出现轻微刺激或无刺激性
预测数据	定性预测数据	—	2.33<预测分数≤3	1.67<预测分数≤2.33	1≤预测分数≤1.67

2）眼部刺激性分级

严重眼损伤是指眼睛暴露于一种化学物质后对眼睛造成的不完全可逆的组织损伤或严重生理视觉衰退的情况；眼刺激是指眼睛暴露于一种化学物质后对眼睛造成的完全可逆变化。对照 GHS 的分类级别，将眼部刺激性分为极高关注度、高关注度、中关注度和低关注度 4 级。在眼部刺激性关注度分级中，接受 GHS 分类信息、REACH 来源信息、实验数据和预测数据。对于从上述 4 种来源，收集到的化学物质眼部刺激性数据，危害终点的关注度分级方法见表 4.14。

表 4.14 眼部刺激性关注度分级方法

数据来源	终点类型	极高关注度	高关注度	中关注度	低关注度
GHS 分类信息	—	・1 类 ・H318	・2A 类 ・H319	・2B 类 ・H320	无需分类
REACH 来源信息	—	・1 类	・2 类		无需分类

续表

数据来源	终点类型	极高关注度	高关注度	中关注度	低关注度
实验数据	—	持续超过21天的刺激性或具有腐蚀性	在8~21天内清除，严重刺激性	在7天以内清除，中度刺激性	在24小时内清除，轻度刺激性或无刺激性
预测数据	定性预测数据	—	2.33<预测分数≤3	1.67<预测分数≤2.33	1≤预测分数≤1.67

7. 内分泌干扰效应分级

内分泌干扰物会改变荷尔蒙系统的功能，并可能对人类和野生动物的健康造成不良影响。按照内分泌干扰物清单中的物质类别，将内分泌干扰效应分为高关注度、中关注度和低关注度3级，仅接受实验数据，即现有内分泌干扰物清单。例如，内分泌干扰效应可由化学物质是否在欧盟ED清单内进行分级，ED清单中有121个确认具有内分泌干扰效应的化学物质和64个疑似具有内分泌干扰效应，具体分级方法如表4.15所示。

表4.15 内分泌干扰效应关注度分级方法

数据来源	终点类型	高关注度	中关注度	低关注度
实验数据	—	确认内分泌干扰物	疑似内分泌干扰物	不在内分泌干扰物清单中

8. 致敏性分级

致敏性包括呼吸道致敏和皮肤致敏，呼吸道致敏是指吸入一种化学物质后的呼吸道过敏现象，皮肤致敏是指皮肤暴露于一种化学物质后发生的过敏反应。致敏包含两个阶段：第一个阶段是个体因暴露于某种过敏原而诱发特定免疫记忆，第二阶段是引发，即因暴露于某种过敏原而产生的细胞介导或抗体介导的过敏反应。就呼吸道致敏而言，诱发之后是引发阶段，这一方式与皮肤致敏相同。对于皮肤致敏，需有一个让免疫系统适应并作出反应的诱发阶段，如随后的暴露足以引发可见的皮肤反应（引发阶段）就可能出现临床症状。对照GHS的分类级别，将致敏性分为高关注度、中关注度和低关注度3级。在致敏性关注度分级中，接受GHS分类信息、REACH来源信息、实验数据和预测数据。对于从上述4种来源，收集到的化学物质致敏性数据，危害终点的关注度分级方法见表4.16。

表 4.16　致敏性关注度分级方法

数据来源	终点类型	高关注度	中关注度	低关注度
GHS 分类信息	—	• 1A 类 • H317 或 H334	• 1B 类	无需分类
REACH 来源信息	—	• 1A 类	• 1B 类	无需分类
实验数据	—	人类高频率致敏作用和/或动物高效力致敏	人类中到低频率致敏和/或动物中到低效力	充足数据证明不存在致敏性
预测数据	定性预测数据	—	2<预测分数≤3	1≤预测分数≤2

4.3.2　生态毒性分级

1. 急性水生毒性分级

急性水生毒性是指物质本身的性质，可以对在水中短暂暴露于该物质的生物造成伤害，淡水和海洋物种毒性数据被认为是等效数据。对照 GHS 的分类级别，将急性水生毒性分为极高关注度、高关注度、中关注度和低关注度 4 级。在水生急性毒性关注度分级中，接受 GHS 分类信息、REACH 来源信息、实验数据和预测数据。对于从上述 4 种来源，收集到的化学物质水生急性毒性数据，危害终点的关注度分级方法见表 4.17。

表 4.17　急性水生毒性关注度分级方法

数据来源	终点类型	极高关注度	高关注度	中关注度	低关注度
GHS 分类信息	—	• 1 类 • H400	• 2 类 • H401	• 3 类 • H402	无需分类
REACH 来源信息	—	• 1 类	—	—	无需分类
实验数据	LC_{50} 或 EC_{50}（mg/L）	<1.0	1~10	>10~100	>100
预测数据	预测 LC_{50} 或 EC_{50}（mg/L）	<1.0	1~10	>10~100	>100

2. 慢性水生毒性分级

慢性水生毒性是指物质本身的性质，可以对在水中长期暴露于该物质的生物体造成有害影响，程度根据相对于生物体的生命周期确定。对照 GHS 的分类级别，将慢性水生毒性分为极高关注度、高关注度、中关注度和低关注度 4 级。在水生慢性毒性关注度分级中，接受 GHS 分类信息、REACH 来源信息、实验数据和预测数据。对于从上述 4 种来源，收集到的化学物质慢性水生毒性数据，危害终点的关注度分级方法见表 4.18。

表 4.18 慢性水生毒性关注度分级方法

数据来源	终点类型	极高关注度	高关注度	中关注度	低关注度
GHS 分类信息	—	· 1 类 · H410	· 2 类 · H411	· 3 类 · H412	无需分类
REACH 来源信息	—	· 1 类	· 2 类	· 3 类	无需分类
实验数据	NOEC 或 LOEC（mg/L）	<0.1	0.1~1	>1~10	>10
预测数据	预测 NOEC 或 LOEC（mg/L）	<0.1	0.1~1	>1~10	>10

4.3.3 环境持久性、生物蓄积性和迁移性分级

1. 持久性分级

持久性指在环境中不易分解的化学物质。根据化学物质是否具有快速生物降解性，以及化学物质在水、土壤、沉积物和大气中的半衰期判断。由于持久性没有对应 GHS 和 CLP 分类标签，因此，仅有实验数据和预测数据两种来源，对于收集到的化学物质持久性数据，危害终点的关注度分级方法见表 4.19。

表 4.19 持久性关注度分级方法

数据来源	终点类型	极高关注度	高关注度	中关注度	低关注度
实验数据	水、土壤或沉积物半衰期	>180 天或十分顽固	≥60~180	≥16~60	<16 或可以快速生物降解
预测数据	预测水、土壤或沉积物半衰期	>180 天	≥60~180	≥16~60	<16 或可以快速生物降解

2. 生物蓄积性分级

生物蓄积是指物质经由水传播接触，被生物体吸收、转化和排出的净结果。由于生物蓄积性没有对应 GHS 和 CLP 分类标签，因此，仅有实验数据和预测数据 2 种来源，对于收集到的化学物质生物蓄积性数据，危害终点的关注度分级方

法见表 4.20。

表 4.20　生物蓄积性关注度分级方法

数据来源	终点类型	极高关注度	高关注度	中关注度	低关注度
实验数据	BCF/BAF	>5000	5000~1000	1000~500	<500
预测数据	预测 BCF	>5000	5000~1000	1000~500	<500

3. 迁移性分级

迁移性是近年来讨论的热点,是用于评价化学物质长距离迁移能力的指标。现有迁移性由 K_{OC} 表征,由于迁移性没有 GHS 和 CLP 分类标准,因此,仅有实验数据和预测数据 2 种来源,对于收集到的替代品迁移性数据,危害终点的关注度分级方法见表 4.21。

表 4.21　迁移性关注度分级方法

数据来源	终点类型	极高关注度	高关注度	中关注度	低关注度
实验数据	logK_{OC}	<2	2~3	3~4.5	>4.5
预测数据	预测 logK_{OC}	<2	2~3	3~4.5	>4.5

4.3.4　全球环境影响分级

1. 消耗臭氧层效应分级

消耗臭氧层效应是 GHS 分类关注的危害终点,是指某些化学物质排放进入平流层,与臭氧发生化学反应,导致臭氧层变薄或出现空洞的现象,臭氧层的破坏会对地球环境和人类健康产生严重影响。消耗臭氧层效应主要由 GHS 分类信息和清单比对方式分级,因此,消耗臭氧层效应由 GHS 分类信息、REACH 来源信息与实验数据 3 种来源组成,危害终点的关注度分级方法见表 4.22。

表 4.22　消耗臭氧层效应关注度分级方法

数据来源	终点类型	高关注度	中关注度	低关注度
GHS 分类信息	—	· 1 类 · H420	—	无需分类
REACH 来源信息	—	· 1 类 · H420	—	无需分类
实验数据	—	确认消耗臭氧层物质	疑似消耗臭氧层物质	不在消耗臭氧层物质清单中

2. 温室效应分级

温室效应是指大气中气体成分的变化导致全球气温升高的现象。温室效应的形成主要是由于人类工业活动以及自然原因导致大气中的二氧化碳、甲烷、臭氧、氯氟烃以及水气等浓度增加，这些气体阻止了地球热量的散失，使得地表温度升高。温室效应由 GHS 分类信息和清单比对方式分级，因此，温室效应终点由 GHS 分类信息、REACH 来源信息与实验数据 3 种来源组成，危害终点的关注度分级方法见表 4.23。

表 4.23　温室效应关注度分级方法

数据来源	终点类型	高关注度	中关注度	低关注度
GHS 分类信息	—	· 2 类 · H421	—	无需分类
REACH 来源信息	—	· 2 类 · H421	—	无需分类
实验数据	—	确认会引起温室效应的物质	疑似会引起温室效应的物质	不会引起温室效应的物质

3. 生产过程碳排放量分级

生产过程碳排放量是指在生产时所产生的温室气体排放量，通常主要指的是二氧化碳排放量，是衡量人类活动对全球气候变化影响的重要指标。根据实际情况或模拟情况计算化学物质在生产过程的碳排放量，因此，生产过程碳排放量终点由实验数据和预测数据两种来源组成，危害终点的关注度分级方法见表 4.24。

表 4.24　生产过程碳排放量关注度分级方法

数据来源	终点类型	高关注度	中关注度	低关注度
实验数据	每生产 1 kg 物质的 CO_2 排放当量	>50	1~50	<1
预测数据	预测的每生产 1 kg 物质的 CO_2 排放当量	>50	1~50	<1

4.4 案例分析：涂料行业化学物质危害终点关注度分级

基于上述危害终点关注度分级方法，以涂料行业为例，确定涂料行业关注的危害终点，收集关注的危害终点信息，包括 GHS 分类信息、REACH 来源信息、实验数据和预测数据，分析数据来源并对危害终点进行关注度分级。

4.4.1 涂料行业关注的危害终点指标

涂料行业产品分为溶剂型涂料、水性涂料、粉末涂料等类型，会通过各种暴露途径进入人体和环境，因此对于必要的健康危害、生态毒性和环境归趋终点均需要纳入考虑。对于全球环境影响终点，由于 VOCs 是溶剂型涂料的重要成分，在清单构建中也发现部分典型的消耗臭氧层效应物质和温室气体，如二氯甲烷等，因此考虑消耗臭氧层效应和温室效应是必要的。而在涂料行业化学物质评估中，暂未纳入生产过程的碳排放量，因为这一指标是工艺依赖性较大的指标，更适用于目标和用途更为明确的化学物质绿色分级，对于涂料行业 2530 种化学物质评估不适用。涂料行业关注的危害终点指标有 4 类共 17 个：

（1）健康危害（10 个）：致癌性、致突变性、生殖/发育毒性、内分泌干扰效应、哺乳动物急性毒性、特异性靶器官毒性-一次接触、特异性靶器官毒性-反复接触、致敏性、皮肤刺激性、眼部刺激性；

（2）生态毒性（2 个）：急性水生毒性、慢性水生毒性；

（3）环境归趋（3 个）：持久性、生物蓄积性、迁移性；

（4）全球环境影响（2 个）：消耗臭氧层效应、温室效应。

4.4.2 涂料行业化学物质危害数据收集与处理

1. 数据收集与处理方法

按照 4.2 的方法从 GHS 分类信息、REACH 来源信息、实验数据和预测数据 4 种来源收集涂料行业化学物质的危害信息，下面以双酚 A（80-05-7）为例，展示了化学物质危害终点数据收集与处理方法：

步骤 1：确认通过 3.3.2 化学物质信息整合后的双酚 A 标识信息，如表 4.25 所示。

表 4.25 双酚 A（80-05-7）的标识信息

标识信息类别	标识信息内容	信息用处
化学物质中英文名称	双酚 A / Bisphenol A / BPA	检索文献中的化学物质数据
CAS 号	80-05-7	检索化学物质的 GHS、REACH 和数据库数据
SMILES 号	CC(C)(C1=CC=C(C=C1)O)C2=CC=C(C=C2)O	获得化学物质预测数据
Pubchem CID	6623	确认化学物质在清单中是唯一的

步骤 2：基于化学物质的标识信息，从中国、日本、欧盟、澳大利亚和新西兰的 GHS 数据库中收集双酚 A 的 GHS 分类信息（表 4.26），已有分类且分类结果唯一/一致的终点，直接采纳该分类结果，例如致突变性分类为无分类、眼部刺激性分类为类别 1；对于多个来源均有 GHS 分类且分类结果不一致的终点，选择最敏感的危害终点，例如生殖毒性选择类别 1B，最终得到双酚 A 10 个危害终点的 GHS 分类结果，将无数据的致癌性和消耗臭氧层效应终点标注为 DG，进行 REACH 来源信息的收集。

表 4.26 双酚 A（80-05-7）在各国家/地区 GHS 数据库中的检索结果

危害终点	中国 GHS	日本 GHS	欧盟 GHS	澳大利亚 GHS	新西兰 GHS	处理结果
C	—	—	—	—	—	DG
M	—	无分类	—	—	—	无分类
R	类别 1B	类别 1B	类别 1B	类别 2	类别 2	类别 1B
AT	—	无分类	—	—	—	无分类
ST-SE	类别 3	类别 1	类别 3	类别 3	—	类别 1
IrS	—	无分类	—	—	—	无分类
IrE	类别 1	类别 1	类别 1	类别 1	类别 1	类别 1
ST-RE	—	类别 2	—	—	—	类别 2
S	类别 1	类别 1	类别 1	类别 1	类别 1	类别 1
AA	类别 1	类别 2	—	类别 1	—	类别 1
CA	类别 1	类别 2	类别 1	—	—	类别 1
ODE	—	—	—	—	—	DG

在欧盟 ECHA CHEM 数据库中查询双酚 A 致癌性的 REACH 来源信息（图 4.4），记录的结果为"无分类"，因此，补充双酚 A 的致癌性数据为无分类，查询消耗臭氧层效应 REACH 来源信息（图 4.5），其结果为"未评估"，因此，消耗臭

氧层效应终点保留"DG"结果。

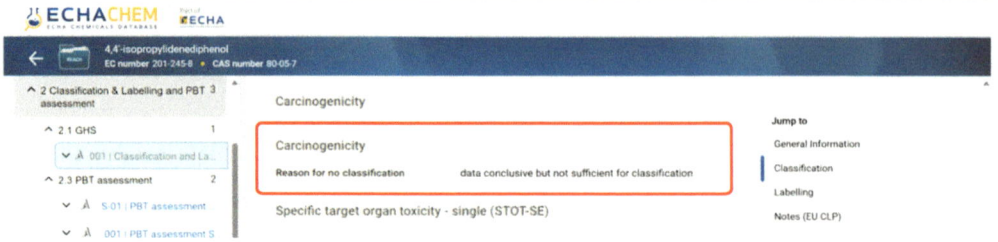

图 4.4　REACH 中的双酚 A 致癌性效应终点查询结果

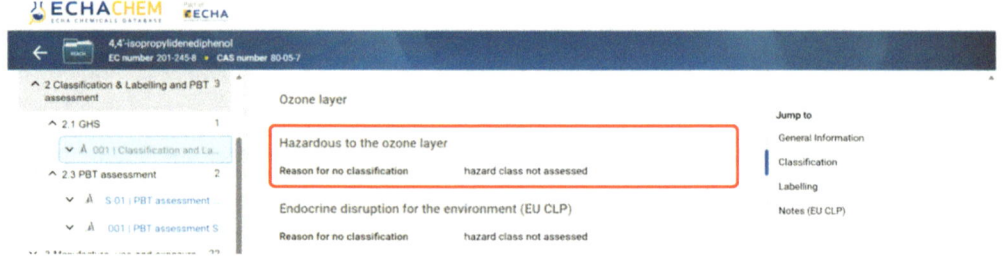

图 4.5　REACH 中的双酚 A 的消耗臭氧层效应终点查询结果

对于没有 GHS 和 REACH 来源信息来源的终点，包括内分泌干扰效应、持久性、生物蓄积性、迁移性、消耗臭氧层效应、温室效应 6 个危害终点，收集双酚 A 的实验数据，结果展示在表 4.27 中，通过实验数据收集补充了全部"DG"终点，因此无需使用预测模型补充数据缺失，记录数据并开展下一步危害终点关注度分级。

表 4.27　双酚 A（80-05-7）的实验数据收集结果

危害终点	数据表征形式	数据结果	数据来源
内分泌干扰效应	是否在内分泌干扰物清单中	是，为内分泌干扰物	EU ED List
持久性	是否快速生物降解	是	ECHA REACH
生物蓄积性	BCF	3.5~5.5	ECHA REACH
		5.1~67	MITI
迁移性	K_{OC}	(750 ± 348) L/kg	ECHA REACH
消耗臭氧层效应	是否在消耗臭氧层效应清单中	否	蒙特利尔议定书、美国清洁空气法案、欧盟-(EC) No 1005-2009 法案、中国受控消耗臭氧层物质
温室效应	是否在温室气体清单中	否	京都议定书、中华人民共和国气候变化第四次国家信息通报

2. 涂料行业化学物质危害数据收集与处理

涂料行业化学物质清单中 2530 种化学物质的危害终点均收集到信息或数据，危害终点数据来源分布如图 4.6 所示。

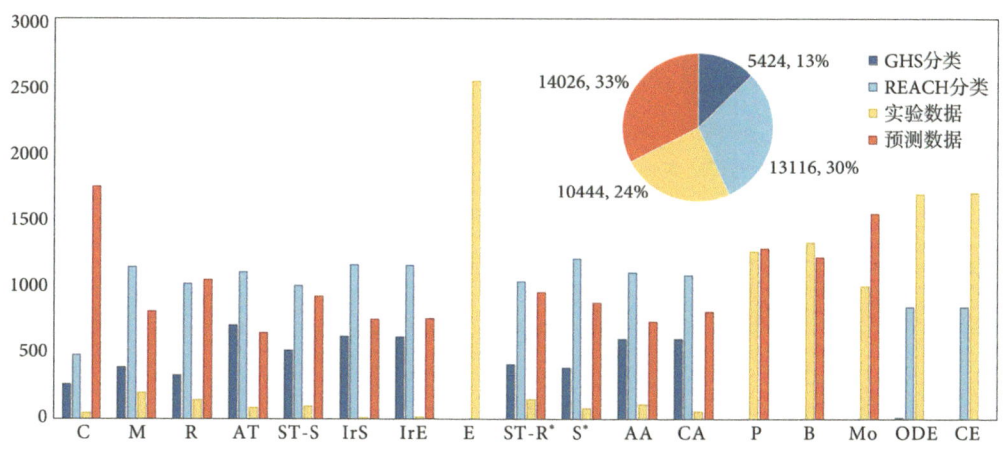

图 4.6 涂料行业化学物质危害终点数据来源分布

从整体数据来源分布来看，2530 种涂料行业化学物质的 17 个危害终点中，有 5424 条危害信息来源于 GHS 分类信息，13116 条危害信息来源于 REACH 来源信息，10444 条实验数据和 14026 条预测数据。从这一结果分布可以看出，虽然 GHS 分类信息是可信度最高的数据来源，但各个国家开展的化学物质 GHS 分类有限，仅占全部危害终点的 12.61%，而预测数据是占比最高（32.61%）的数据来源，这说明化学物质在投入市场使用前，并没有经过充分的评估与考量。

从每个终点的数据来源分布来看，在全部危害终点中，致癌性是预测数据占比最高（68.81%）的危害终点，其次是迁移性（60.67%）。致癌性的预测来源数据占比较高，REACH 来源信息的占比较低，这可能是因为化学物质在 REACH 注册登记时，致癌性不是必须提供的危害终点。REACH 规定，当化学物质未表现出致癌潜力时，使用量大于 1000 吨/年才需要提供致癌性数据。迁移性的预测来源数据相比持久性和生物蓄积性占比较高，这可能是因为 PMT 化学物质是近年来新关注的一类物质，各个国家暂未将 PMT 物质明确纳入管控中，因此，迁移性终点数据缺失较为严重。

4.4.3 涂料行业化学物质危害终点关注度分级

1. 危害终点关注度分级方法

以双酚 A 为例，展示化学物质危害终点关注度分级方法。参照 4.3 关注度分级，基于 4.4.2.1 收集和处理后的各危害终点数据，对 17 个危害终点开展关注度分级，其中由 GHS 分类信息得到的结果用加粗字体表示；由 REACH 来源信息得到的结果用正常字体表示；由实验数据得到的结果用下划线表示；由预测数据得到的结果用斜体表示。双酚 A 的危害终点关注度分级结果如表 4.28 所示。

表 4.28 双酚 A（80-05-7）的危害终点关注度分级结果

C	M	R	AT	ST-SE	IrS	IrE	E	ST-RE	S	AA	CA	P	B	Mo	ODE	GE
L	L	H	L	vH	L	vH	H	M	M	vH	vH	<u>L</u>	<u>L</u>	<u>vH</u>	L	L

2. 涂料行业化学物质危害终点关注度分级结果

每个危害终点的分级结果如图 4.7 所示。从整体分布来看，涂料行业化学物质的低关注度占比较高（69.88%），中关注度次之（13.69%），说明危害终点的总体安全性较好。从每个终点类别的关注度分级来看，全球环境影响是最安全的危害终点类别，这可能是因为具有消耗臭氧层效应和温室效应的化学物质已被《蒙特利尔议定书》和《京都议定书》等管控限制使用，在一定程度上已被替代；生态毒性是危害终点关注度分级较高的终点类别，高关注度和极高关注度物质占比为 40.30%，说明在涂料行业化学物质投入使用前，并未充分考虑物质排放进入环境

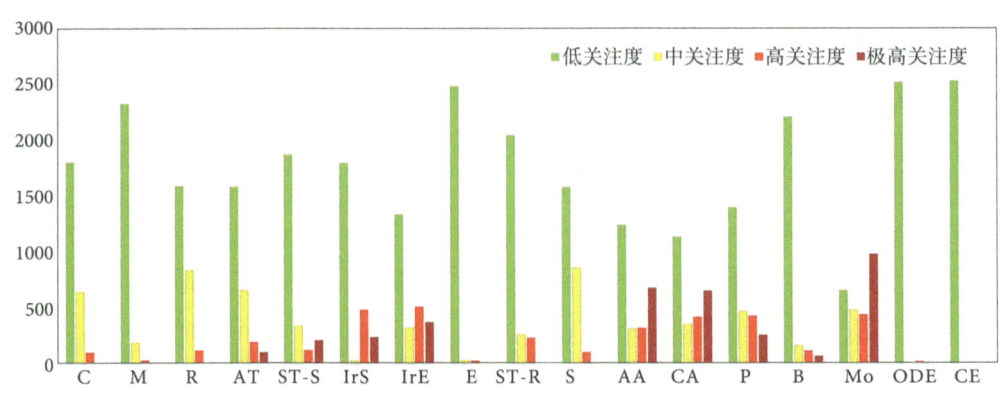

图 4.7 涂料行业化学物质危害终点关注度分级结果

后可能造成的不良影响，即较高的急性/慢性水生毒性。对每个危害终点的关注度分级结果进行分析，迁移性、慢性水生毒性、急性水生毒性、眼部刺激性、皮肤刺激性是极高关注度和高关注度终点占比最高的 5 个终点，占比分别为 55.57%、41.70%、38.89%、34.70%、28.18%。迁移性终点的极高和高关注度终点的占比最高，说明在化学物质绿色分级中考虑迁移性终点的必要性，迁移性是对化学物质绿色分级结果影响最大的危害终点。

基于危害终点关注度分级结果，针对性地为涂料行业化学物质的使用提出风险削减措施建议：

（1）迁移性：优化原料和中间体的储存与运输流程，并加强生产使用过程的密封性设计，防止化学物质扩散到环境中；定期检测生产和存储区域周边的环境质量，防止化学物质的无意迁移或扩散。

（2）急性/慢性水生毒性：严格管控废水排放，优化废水处理工艺；加强应急管理，对于可能发生的泄漏事件制定详细的应急计划。

（3）刺激性（眼部、皮肤）：改善作业环境，避免刺激性物质接触皮肤和眼睛，提供洗眼设备和紧急冲淋装置；对高皮肤刺激性的物质进行清晰标识，并加强员工安全培训，确保操作人员熟悉相关防护和处理方法。

第 5 章　化学物质绿色分级表征

典型行业化学物质绿色分级需要考虑多方面的危害特性，对多危害终点结果综合开展绿色等级判定，是化学物质绿色分级的重要内容。为此，各国/地区建立了多种化学物质绿色等级判定方法，包括通过专家判断、选择最敏感结果等。

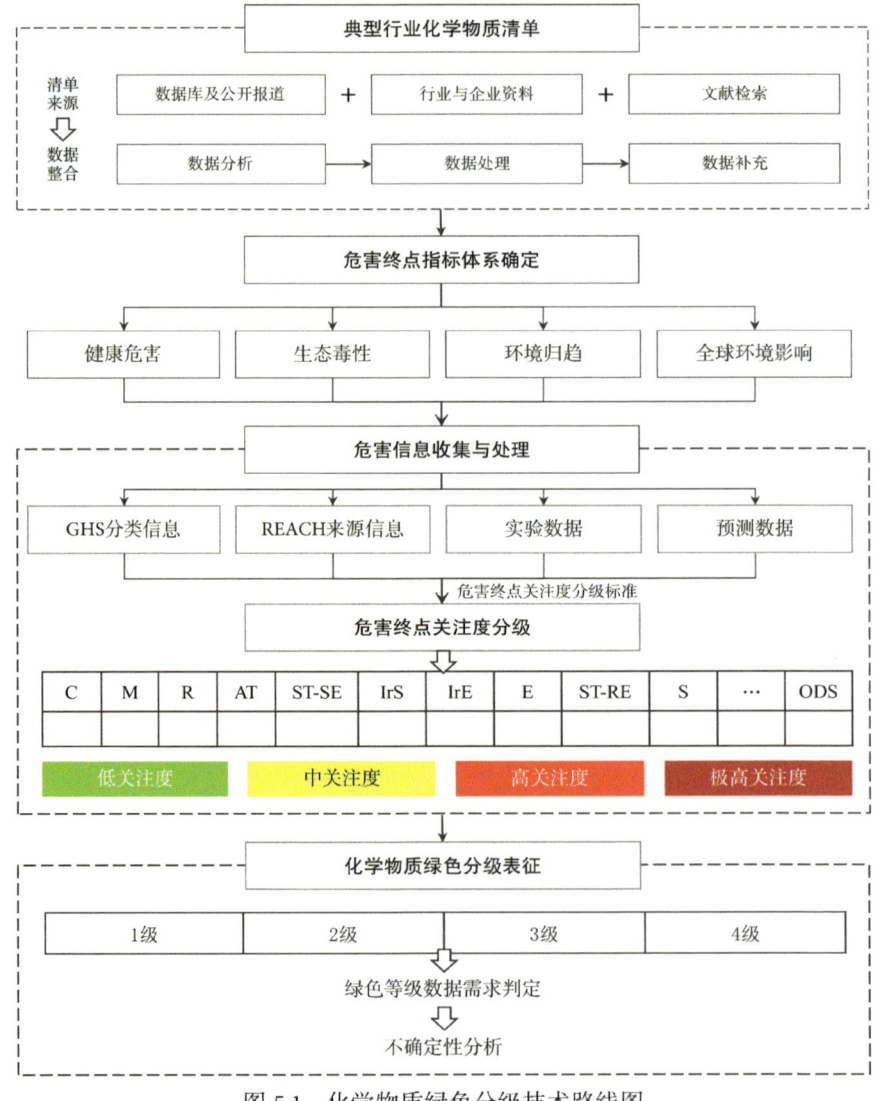

图 5.1　化学物质绿色分级技术路线图

化学物质绿色分级表征是在典型行业化学物质清单基础上，通过统合分析危害终点的关注度结果，判定绿色等级，得出化学物质危害特性的总体绿色分级，化学物质绿色分级的技术路线图如图 5.1 所示。本章主要介绍了化学物质绿色等级判定方法、绿色分级结果的表征形式，以及绿色分级过程中需要开展的不确定性分析，并以涂料行业化学物质的危害终点关注度分级结果为例，展示了典型行业化学物质绿色分级表征的过程和结论。

5.1 绿色等级判定

化学物质的绿色等级判定是指通过综合分析危害终点的关注度结果，得出化学物质危害特性的总体分级。目前国际主流绿色等级判定方法分为 3 种，第 1 种方法以德国 FEA 的《可持续化学品指南》为代表，在危害终点分级结果的基础上，选择最敏感的危害终点分级作为绿色分级结果，这种方法的缺点在于绿色等级判定要求过于严格，当任一终点被划分为极高/高关注度就将化学物质评估为不可接受时，会导致大部分化学物质均被划分为不可接受，使化学物质绿色分级结果的参考性降低。第 2 种方法以美国 SCIL 的建立过程为代表，在得到危害终点关注度分级结果后，由专家判断得出绿色分级结果，这种方法的缺点在于化学物质绿色等级判定的结果是不透明的，导致不同评估者难以得出相同结果，使化学物质绿色分级结果的可靠性降低。第 3 种方法以 GreenScreen 为代表，提出绿色等级判定的一套标准，通过不同的危害终点关注度分级组合，得到化学物质的绿色分级结果，是现有完整性、科学性均较好的方法，然而由于绿色等级判定标准过于具体，无法广泛适用和推广。

为了便于绿色等级判定，需要依照危害终点的重要程度、关注度分级级别数量，对危害终点进行进一步分组。首先，在化学品环境管理中，对健康危害终点的关注度有所不同。欧盟非常高关注化学物质（Substances of Very High Concern, SVHC）清单明确要求列入具有致癌性、致突变性或生殖毒性（CMR）的化学物质，在化学物质绿色等级判定中，致癌性（C）、致突变性（M）和生殖毒性（R）的重要程度也应较其他终点更高，因此，将这 3 个终点分为健康危害 1 组（H1）。对于其他危害终点，为了更好表述绿色等级判定方法，按照关注度分级标准的不同，将划分为 4 个关注度等级（即含有"极高关注度"）的危害终点分为健康危害 2 组（H2），包括急性毒性（AT）、特异性靶器官毒性-一次接触（ST-SE）、皮肤刺激性（IrS）和眼部刺激性（IrE）4 个终点；将划分为 3 个关注度等级（即不含有"极高关注度")的危害终点分为健康危害 2*组（H2*），包括内分泌干扰效应（E）、特异性靶器官毒性-反复接触（ST-RE）和致敏性（S）3 个终点。急性水生毒性（AA）和慢性水生毒性（CA）为生态毒性（E），持久性（P）、生物蓄积性（B）和迁移性（Mo）为环境归趋，消耗臭氧层效应（ODE）、温室效应（GE）和生产过程碳排放量（CE）为全球环境影响（I），危害终点分组见表 5.1。6 组危害终点共同构成化学物质绿色等级判定的关键要素，依据不同终点的组合形式，进行化学物质绿色等级判定。

表 5.1 化学物质危害终点分组

人体健康 1 组（H1）	人体健康 2 组（H2）	人体健康 2*组（H2*）	生态毒性（E）	环境归趋（F）	全球环境影响（I）
致癌性（C）	哺乳动物急性毒性（AT）	内分泌干扰活性（E）	急性水生毒性（AA）	持久性（P）	消耗臭氧层效应（ODE）
致突变性（M）	特异性靶器官毒性-一次接触（ST-SE）	特异性靶器官毒性-反复接触（ST-RE）	慢性水生毒性（CA）	生物蓄积性（B）	温室效应（GE）
生殖毒性/发育毒性（R）	皮肤刺激性（IrS）	致敏性（S）		迁移性（Mo）	生产过程碳排放量（CE）
	眼部刺激性（IrE）				

参照 CPA 和 FEA 的分级方法，构建化学物质绿色等级判定方法，将化学物质的绿色等级分为 4 个级别。首先是 4 级物质，化学品管理中除了 CMR 物质以外，PBT 类、vPvB 类、PMT 类和 vPvM 类物质也是纳入管控的化学物质。此外，为了充分保护人体健康和生态环境安全，我们还将 vPT 类、vBT 类和 vMT 类物质也纳入到不可接受的级别。其次是 1 级物质，为了保证化学物质的安全性，将全部终点均为低关注度的化学物质的绿色等级划分为 1 级，这类物质在现有研究数据下，是相对安全的化学物质。2 级物质相比 1 级物质，存在部分中关注度的危害终点，有较小的危害性，包括同时具有中关注度的持久性和中关注度的生物蓄积性/迁移性，或具有中关注度的健康危害 2 组或健康危害 2*组或生态毒性或全球环境影响。3 级物质则包括 PB 类物质、PM 类物质、PT 类物质、BT 类物质、MT 类物质和一些具有极高关注度/高关注度健康危害或生态毒性危害终点的化学物质，这类物质是过渡期可选择的化学物质，但还需要寻找更安全化学物质替代。化学物质绿色等级判定方法见表 5.2，基于除标注"DG"以外的危害终点关注度等级，开展绿色等级判定。优先判断化学物质是否符合 4 级，不符合 4 级的情况下，再判断是否符合 3 级，以此类推，当化学物质符合某一级别的任何一条，即

可判断为该级别。例如甲苯生殖毒性的 GHS 分类为 1A 类，符合 4 级下的第⑤条判断标准，故甲苯的绿色分级为 4 级，是不推荐使用的高危害化学物质，无需判断是否符合 1~3 级。

表 5.2　化学物质绿色等级判定方法

绿色分级结果	评估标准方法
4 级	①PBT/PMT = P（高）+B/Mo（高）+H1（高）/H2*（高）/H2（极高）/E（极高） ②vPvB/vPvM = P（极高）+ B/Mo（极高） ③vPT = P（极高）+H1（高）/H2*（高）/H2（极高）/E（极高） ④vBT/vMT = B/Mo（极高）+H1（高）/H2*（高）/H2（极高）/E（极高） ⑤H1（高）
3 级	①P（中）+B/Mo（中）+H1/H2/H2*/E/I（中） ②P（高）+B/Mo（高） ③P/B/Mo（高）+H1/H2/H2*/E/I（中） ④H1（中）/H2*（高）/H2（极高）/E（极高）/I（高）
2 级	①P（中）+B/Mo（中） ②H2/H2*/E/I（中）
1 级	H1（低）+H2（低）+H2*（低）+E（低）+P（低）+B（低）+Mo（低）+I（低）

由于化学物质各个终点研究的充分程度不同，因此，在危害终点关注度分级中，常常遇到化学物质危害终点数据缺失的情况。FEA 把含有缺失终点的化学物质归类为白色的级别（数据缺失，无法分级），这导致大部分化学物质均无法分级。USEPA 采用专家判断的方法评价数据缺失的化学物质，这又导致会消耗大量人力、结果不透明，且对于数量庞大的典型行业化学物质难以做到高效评估。因此，参照 CPA 的缺失数据处理办法，依据已构建的危害终点指标体系、危害终点关注度分级标准和化学物质绿色等级判定方法，为每个级别设定了最低数据要求以防止数据缺失过多导致的结果偏差，如表 5.3 所示。对于 4 级物质，由于优先判断化学物质是否满足 4 级标准，数据需求最少，因此数据最少可以只有 1 项。对于 1 级物质，由于需要避免数据缺失带来的潜在危害，因此，不接受任何数据缺失。而对于 3 级和 2 级结果，整体而言，2 级相对 3 级的数据需求更严格。为了避免 CMR 物质的遗漏，C、M、R 这 3 个危害终点的数据都是必需的。一般将相似的终点设定为 3 级可缺失终点，如皮肤刺激性和眼部刺激性、急性水生毒性和慢性水生毒性等。在得到化学物质分级后，参照表 5.3 的数据需求，若数据无法满足该级别下的需求，则绿色分级需要降级并标注下脚标 DG。例如，若某物质的绿色分级结果为 3 级，但缺失致癌性终点，那么该物质的绿色分级结果需要修正为 4 级 $_{DG}$。

表 5.3 化学物质每个绿色等级下的数据需求

绿色分级	人体健康1组	人体健康2组	人体健康2*组	生态毒性	环境归趋	全球环境影响
4级	有一项数据符合4级判断标准即可认定，最少数据可以只有一项					
3级	所有终点数据都需要，不接受缺失	需要4个终点中的至少2个终点数据，可接受的缺失： 1.眼部或皮肤刺激性 2.一个其他终点	需要3个终点中的至少2个终点数据，可接受的缺失： 内分泌干扰效应	需要2个终点中的至少1个终点数据，可接受的缺失： 急性生态毒性或慢性生态毒性	所有终点数据都需要，不接受缺失	需要3个终点中的至少2个终点数据，可接受的缺失： 生产过程碳排放量
2级	所有终点数据都需要，不接受缺失	需要4个终点中的至少3个终点数据，可接受的缺失： 任意1个终点	需要3个终点中的至少2个终点数据，可接受的缺失： 内分泌干扰效应	所有终点数据都需要，不接受缺失	所有终点数据都需要，不接受缺失	需要3个终点中的至少2个终点数据，可接受的缺失： 生产过程碳排放量
1级	所有终点都需要，不接受任何缺失					

5.2 绿色分级结果

依照化学物质1~4级的分级标准，将化学物质绿色等级判定后的4个级别结果定义如下所示，展示在表5.4中：

4级：化学物质具有不可接受的危害特性，如PBT类物质、vPvB类物质等，是不推荐使用的化学物质；

3级：化学物质存在部分较为严重的危害特性，如不可逆的皮肤/眼损伤等，是有较大替代潜力的化学物质，可以用于替代4级物质，其是否绿色需要与被替代品分级结果进行比较；

2级：化学物质仅有少部分终点存在危害，是较为推荐的化学物质，其是否绿色需要与被替代品分级结果进行比较；

1级：化学物质全部终点均无危害，是绿色化学物质，推荐使用。

表 5.4 化学物质绿色分级结果及含义

绿色分级	含义
1级	推荐使用，绿色化学物质
2级	较为绿色的化学物质，需要根据与被替代品比较分级的结果，判定是否推荐使用
3级	存在危害的化学物质，根据与被替代品比较分级的结果，判定是否推荐使用
4级	不推荐使用，高危害化学物质

5.3 不确定性分析

由于典型行业化学物质绿色分级的不同阶段均可能存在一定的不确定性，因此应对绿色分级表征结果开展不确定性分析，并尽可能地降低分级结果的不确定性。化学物质绿色分级不确定性来源主要包括典型行业化学物质信息整合不确定性和危害终点数据收集与处理不确定性：

（1）化学物质信息整合不确定性可能包括：同一化学物质的多个 CAS 被保留，根据不同 CAS 收集的 GHS 分类信息存在差异；非规范化的 SMILES 可能导致模型预测不准确等。

（2）危害终点数据收集与不确定性可能包括：各个国家 GHS 分类信息的判定依据不同、数据采信原则不同导致化学物质的 GHS 分类信息在国家之间存在不同；实验数据的表征终点多样化；可选择的预测模型较多，预测模型应用域评价不充分等，这些不确定性均可能对危害终点关注度分级结果产生影响。

5.4 案例分析：涂料行业化学物质绿色分级

5.4.1 涂料行业绿色等级判定指标分组

按照 4.4.1 选择的 17 个危害终点，将危害终点分为 6 组开展绿色等级判定，人体健康 1 组包括致癌性、致突变性和生殖/发育毒性；人体健康 2 组包括哺乳动物急性毒性、特异性靶器官毒性-一次接触、皮肤刺激性、眼部刺激性；人体健康 2*组包括内分泌干扰效应、特异性靶器官毒性-反复接触、致敏性；生态毒性包括急性水生毒性、慢性水生毒性；环境归趋包括持久性、生物蓄积性、迁移性；全球环境影响包括消耗臭氧层效应、温室效应。

5.4.2 化学物质绿色分级结果

基于表 5.2 的绿色等级判定方法，对涂料行业清单内的每个化学物质分配绿色等级。涂料行业化学物质绿色分级结果为，1 级物质 56 个（2.21%）、2 级物质 259 个（10.24%）、3 级物质 1505 个（59.49%）和 4 级物质 710 个（28.06%）。从整体绿色分级结果来看，4 级物质是不可接受的化学物质，会对人体健康或生态环境安全造成较大危害，占整体物质的 28.06%，考虑到涂料产品和人体、环境的接触较多,因此,涂料行业的替代迫在眉睫。3级物质是占比最高的绿色分级,说明涂料行业的替代潜力较大,按照绿色分级结果逐级替代是十分必要的。1级和2级物质占比为12.25%,此结果一方面说明涂料行业已经存在部分较为安全的化学物质可供参考和选择,另一方面也说明危害终点指标体系的合理性,可以较好地区分各个级别的化学物质。

1. 按化学物质结构的绿色分级结果

涂料行业2530种化学物质按照官能团共分为85类化学结构类别,分类方法见3.3.3,选择化学物质个数超过10个的化学结构类别,分析其各个绿色分级占比如图5.2所示。从图中可以明显发现,乙烯基卤化物和卤代烯烃2类物质的4级占比最高,说明当化学物质同时具有卤代元素和碳碳双键时,可能导致其毒性较高;甘油酯类化学物质的1级和2级占比明显最高,这也与现有研究结果类似,酯类物质的人体健康和生态环境毒性要明显低于酚类,现有涂料行业已在逐步开展乙酸丁酯替代甲苯、二甲苯的可行性研究。

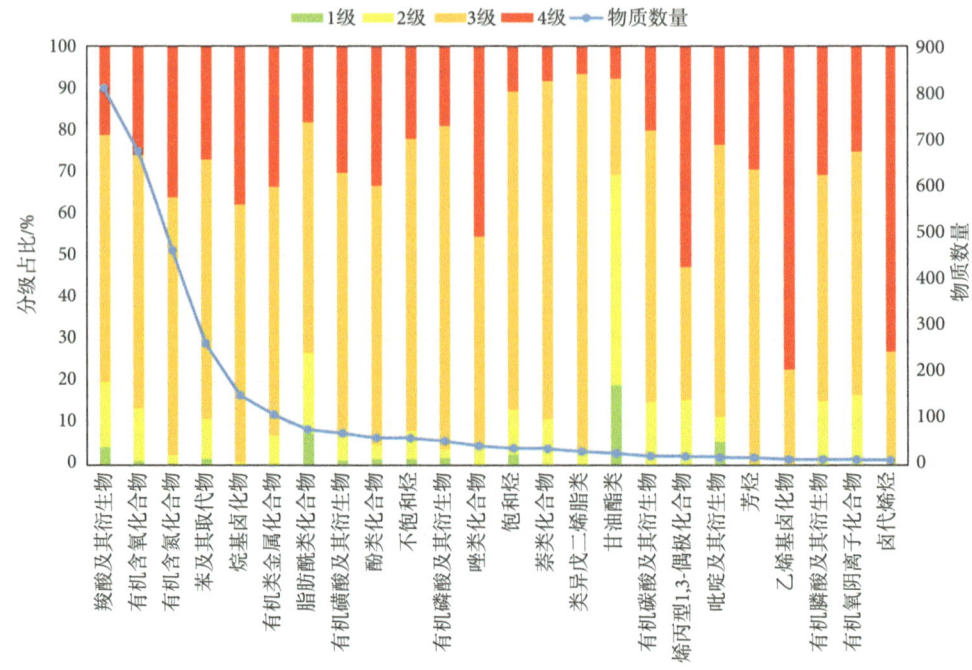

图5.2 涂料行业化学物质各个化学结构类别下的绿色分级结果占比

2. 按化学物质用途的绿色分级结果

涂料行业 2530 种化学物质可分为 57 种用途，用途分类方法在 3.3.3 中有详细描述，选择物质数量占比超过 1% 的用途分析其各个绿色分级的占比（图 5.3）。从整体上看，大部分用途的化学物质以 3 级为主，4 级或者 2 级次之，这一结果说明涂料行业在淘汰使用不可接受的高危害化学物质方面，已有较为显著的成效，但对于绿色化学物质的研发仍然不足。

从各个用途来看，pH 调节剂、催化剂、单体、固化剂和阻燃剂是 4 级物质占比较大的 5 个用途，说明这 5 个用途的替代需求较为迫切，其中除单体外，其他用途均无 1 级物质，说明对于这些用途的绿色替代品的寻找、设计和研发需要着重加强，部分分级结果如表 5.5 所示。

软化剂和调节剂是 1 级和 2 级物质占比最大的用途，说明用于软化剂和调节剂的化学物质已经在向着更安全的方向替代，在用途可行的情况下，涂料生产企业应尽可能选择清单中的 1 级和 2 级物质（表 5.6）。

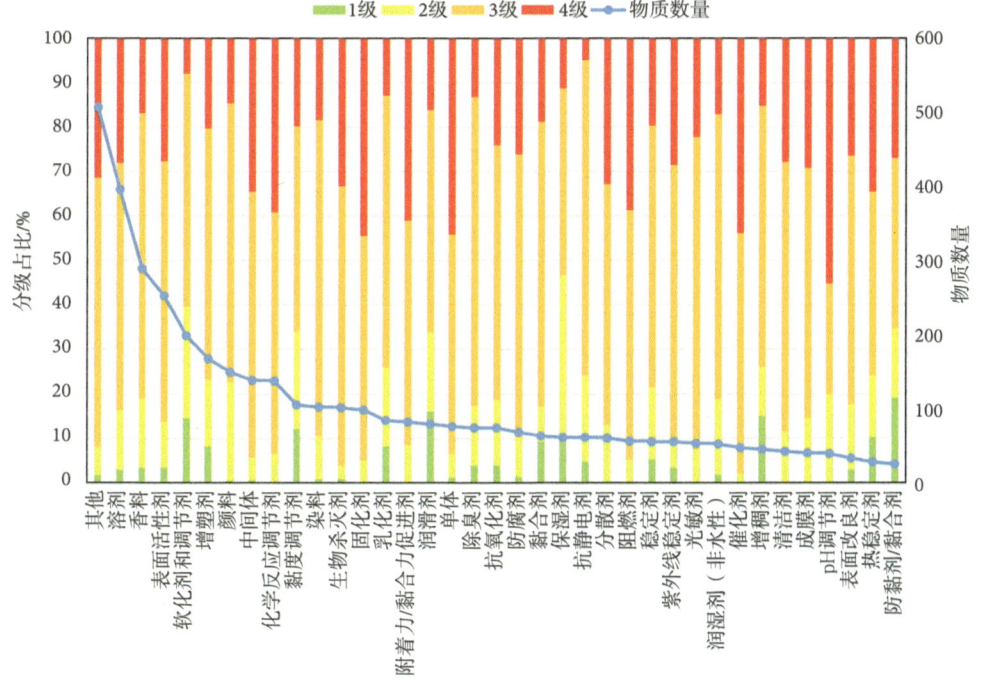

图 5.3　涂料行业化学物质各用途绿色分级结果

表 5.5 用途化学物质绿色分级结果（以 pH 调节剂为例）

序号	物质名称	CAS 号	分级结果
1	二乙氨基乙醇	100-37-8	4 级
2	N-丁基二乙醇胺	102-79-4	4 级
3	2-N-二丁氨基乙醇	102-81-8	4 级
4	丁酸	107-92-6	4 级
5	N,N-二甲基异丙醇胺	108-16-7	4 级
6	二异丙胺	108-18-9	4 级
7	环己胺	108-91-8	4 级
8	二乙胺	109-89-7	4 级
9	富马酸	110-17-8	3 级
10	N-乙基乙醇胺	110-73-6	3 级
11	吗啉	110-91-8	4 级
12	二异丙醇胺	110-97-4	4 级
13	庚酸	111-14-8	4 级
14	2-丁氨基乙醇	111-75-1	4 级
15	壬二酸	123-99-9	3 级
16	己二胺	124-09-4	3 级
17	2-氨基-2-甲基-1-丙醇	124-68-5	4 级
18	单宁酸	1401-55-4	3 级
19	丙二酸	141-82-2	3 级
20	己酸	142-62-1	4 级
21	正癸酸	334-48-5	4 级
22	乳酸	50-21-5	4 级
23	山梨醇	50-70-4	3 级
24	环羧丙基油酸	53980-88-4	3 级
25	甘氨酸	56-40-6	2 级
26	L-天门冬氨酸	56-84-8	2 级
27	L-谷氨酸	56-86-0	2 级
28	乙二胺四乙酸	60-00-4	3 级
29	醋酸	64-19-7	4 级
30	乙酸，离子(1-) (8CI,9CI)	71-50-1	3 级

续表

序号	物质名称	CAS 号	分级结果
31	4-羟乙基哌嗪乙磺酸	7365-45-9	2 级
32	N,N-双甲基-D-葡萄糖	76326-99-3	2 级
33	三(羟甲基)氨基甲烷	77-86-1	2 级
34	柠檬酸三乙酯	77-93-0	2 级
35	异丙醇胺	78-96-6	4 级
36	乙醇酸	79-14-1	4 级
37	异丁酸	79-31-2	4 级
38	L-乳酸	79-33-4	4 级
39	葡萄糖酸内酯	90-80-2	2 级
40	衣康酸	97-65-4	4 级

表 5.6　1 级和 2 级物质清单（以软化剂和调节剂为例）

序号	物质名称	CAS 号
1	油酸异丙酯	112-11-8
2	三油酸甘油酯	122-32-7
3	月桂酸甘油酯	142-18-7
4	棕榈酸异丙酯	142-91-6
5	油醇	143-28-2
6	季戊四醇四壬酸酯	14450-05-6
7	己二酸二(十三烷基)酯	16958-92-2
8	季戊四醇四油酸酯	19321-40-5
9	硬脂酸辛酯	22047-49-0,91031-48-0
10	辛基十二醇肉豆蔻酸酯	22766-83-2
11	油酸季戊四醇酯	25151-96-6
12	油酸-2-乙基己酯	26399-02-0
13	苯甲酸十二烷酯	2915-72-2,68411-27-8
14	棕榈酸异辛酯	29806-73-3
15	月桂酸己酯	34316-64-8
16	十六酸十六酯	540-10-3,95912-87-1
17	三硬脂酸甘油酯	555-43-1

续表

序号	物质名称	CAS 号
18	癸基十四醇	58670-89-6
19	异硬脂醇新戊酸酯	58958-60-4
20	油酸异癸酯	59231-34-4
21	正十八烷	593-45-3
22	三庚酸甘油酯	620-67-7
23	季戊四醇四异硬脂酸酯	62125-22-8
24	乙二醇二硬脂酸	627-83-8
25	二异硬脂醇苹果酸酯	67763-18-2
26	异十八烷酸1-甲基乙基酯	68171-33-5
27	异硬脂醇棕榈酸酯	72576-80-8
28	鲸蜡硬脂醇乙基己酸酯	90411-68-0
29	辛基十二醇异硬脂酸酯	93803-87-3

5.4.3 推荐使用化学物质清单

根据化学物质绿色分级结果，将1级的化学物质列为推荐使用的化学物质清单，这一清单可为涂料行业化学物质的绿色替代提供重要参考，其CAS号、分级结果和用途如表5.7所示。

表 5.7 涂料行业推荐使用的化学物质清单

序号	CAS 号	功能用途
1	110553-27-0	抗氧化剂、热稳定剂
2	112-11-8	黏合剂、润滑剂、软化剂和调节剂
3	1217271-02-7	其他
4	122-32-7	保湿剂、软化剂和调节剂、溶剂、增稠剂、黏度调节剂
5	123-28-4	抗氧化剂、防腐剂、香料、热稳定剂、增塑剂、紫外线稳定剂
6	142-18-7	乳化剂、香料、软化剂和调节剂、表面活性剂
7	142-91-6	抗静电剂、黏合剂、除臭剂、香料、润滑剂、软化剂和调节剂、溶剂、黏度调节剂

续表

序号	CAS 号	功能用途
8	143-28-2	除臭剂、乳化剂、香料、不透明剂、软化剂和调节剂、溶剂、增稠剂、黏度调节剂
9	14450-05-6	软化剂和调节剂
10	15834-04-5	增塑剂
11	16958-92-2	润滑剂、增塑剂、软化剂和调节剂、溶剂
12	17465-86-0	其他
13	19321-40-5	软化剂和调节剂、黏度调节剂
14	22047-49-0,91031-48-0	香料、润滑剂、增塑剂、软化剂和调节剂、表面活性剂、防黏剂/黏合剂
15	22393-85-7	乳化剂、稳定剂、黏度调节剂
16	22766-83-2	软化剂和调节剂
17	2495-27-4	表面活性剂
18	25151-96-6	软化剂和调节剂
19	26399-02-0	增塑剂、软化剂和调节剂、溶剂
20	27070-58-2	溶剂、黏度调节剂
21	27253-26-5	增塑剂
22	27870-92-4	其他
23	2915-72-2,68411-27-8	生物杀灭剂、乳化剂、香料、软化剂和调节剂、溶剂、表面活性剂、润湿剂（非水性）
24	29806-73-3	香料、润滑剂、增塑剂、软化剂和调节剂、溶剂、增稠剂
25	32360-05-7	其他
26	33703-08-1	增塑剂
27	34316-64-8	软化剂和调节剂、溶剂、黏度调节剂
28	3648-20-2	增塑剂
29	37811-72-6	其他
30	38051-10-4	其他
31	42222-50-4	润滑剂、黏度调节剂
32	45294-18-6	中间体、单体
33	5333-42-6	其他
34	540-10-3,95912-87-1	防黏剂/黏合剂、除臭剂、乳化剂、香料、保湿剂、润滑剂、软化剂和调节剂、黏度调节剂、增塑剂

续表

序号	CAS 号	功能用途
35	555-43-1	防黏剂/黏合剂、保湿剂、润滑剂、软化剂和调节剂、溶剂、表面改良剂、增稠剂、黏度调节剂
36	58670-89-6	软化剂和调节剂、黏度调节剂
37	58958-60-4	黏合剂、软化剂和调节剂
38	59231-34-4	保湿剂、软化剂和调节剂、稳定剂
39	593-45-3	香料、软化剂和调节剂、溶剂
40	620-67-7	保湿剂、软化剂和调节剂、表面活性剂、增稠剂、黏度调节剂
41	62125-22-8	防黏剂/黏合剂、黏合剂、乳化剂、保湿剂、润滑剂、软化剂和调节剂、表面活性剂、增稠剂
42	624-03-3	润滑剂
43	627-83-8	乳化剂、保湿剂、润滑剂、不透明剂、颜料、软化剂和调节剂、表面活性剂、增稠剂、黏度调节剂
44	627-89-4	其他
45	6422-86-2	增塑剂
46	67763-18-2	软化剂和调节剂、表面活性剂
47	68171-33-5	黏合剂、软化剂和调节剂
48	68921-42-6	染料
49	693-36-7	抗氧化剂、热稳定剂、润滑剂、紫外线稳定剂
50	72576-80-8	黏合剂、软化剂和调节剂
51	7585-39-9	其他
52	78-16-0	增塑剂
53	85049-37-2	增塑剂、溶剂
54	85251-77-0	防黏剂/黏合剂、抗静电剂、润滑剂、表面活性剂
55	90411-68-0	抗静电剂、香料、增塑剂、软化剂和调节剂、稳定剂
56	93803-87-3	软化剂和调节剂

第6章 展　　望

目前，化学物质绿色分级技术仍然存在不足，如部分化学物质进入环境后发生降解，其降解产物可能具有类似毒性甚至更高毒性；也存在不少化学物质由于研发时间短、使用范围相对狭窄或研究投入不足等原因，其毒理学数据严重缺失；以及预测数据大量使用可能带来的准确性降低等问题。因此，随着化学物质风险评估技术学科的不断拓展与大数据人工智能的广泛应用，化学物质绿色分级技术将会得到进一步的完善，可能包括以下几个方面：

1）持续完善评估指标

随着毒理学研究的不断发展，在现有的评估指标基础上，将会纳入更多环境因素和危害指标。在环境因素方面，需重点考虑化学物质在不同环境介质（如土壤、水体、大气）中的迁移转化，以及其对生态系统服务功能（如土壤肥力、水体自净能力）的影响。在危害指标方面，需进一步全面考虑化学物质的免疫毒性、神经毒性等诸多靶效应指标。开展多学科交叉研究，集成环境科学、生物学、环境流行病学、生态学等领域的知识和技术手段，全面评估化学物质的综合效应。

2）数据收集与更新

通过整合各国、各国际组织的化学物质数据，包括环境信息数据、生态毒理学数据、健康毒理学数据等，构建化学物质绿色分级数据库，设立专门的数据库，对数据进行分类整理和存储，并对数据来源进行严格审核。政府和科研机构应加强合作，制定统一的数据收集标准和规范，确保数据的准确性和可比性。同时，鼓励企业积极参与数据共享。此外，利用先进的信息技术，如物联网、大数据等，实时监测化学物质在环境中的排放、迁移转化等特征，及时更新数据，保障绿色分级结果能够反映化学物质的最新危害状况。

3）完善法规政策和配套措施

政府的法规政策在促进企业选择绿色替代品方面起着至关重要的引导和推动作用。政府需要进一步完善与化学物质管理相关的法律法规，明确替代品评估的要求和标准，加大对绿色替代技术研发和评估的支持。

附录 A 不同国家化学物质数据库与报告内容

附表 A.1 化学物质行业类别（欧盟 REACH 注册）

使用行业代码	使用行业英文名称	使用行业中文名称
SU 0	Other	其他
SU 1	Agriculture, forestry and fishing	农业、林业和渔业
SU 2a	Mining (without offshore industries)	采矿业（不包括近海工业）
SU 2b	Offshore industries	近海工业
SU 4	Manufacture of food products	食品制造
SU 5	Manufacture of textiles, leather, fur	纺织品、皮革、毛皮制造
SU 6a	Manufacture of wood and wood products	木材和木制品制造业
SU 6b	Manufacture of pulp, paper and paper products	纸浆、纸张和纸制品制造业
SU 7	Printing and reproduction of recorded media	印刷和复制记录媒体
SU 8	Manufacture of bulk, large scale chemicals (including petroleum products)	大宗化学品和大规模化学品（包括石油产品）制造
SU 9	Manufacture of fine chemicals	精细化学品制造
SU 10	Formulation [mixing] of preparations and/or re-packaging (excluding alloys)	制剂的配制[混合]和/或重新包装（不包括合金）
SU 11	Manufacture of rubber products	橡胶制品制造
SU 12	Manufacture of plastics products, including compounding and conversion	塑料制品制造，包括混合和转换
SU 13	Manufacture of other non-metallic mineral products, e.g. plasters, cement	其他非金属矿物产品，如石膏、水泥的制造
SU 14	Manufacture of basic metals, including alloys	基本金属（包括合金）制造
SU 15	Manufacture of fabricated metal products, except machinery and equipment	金属制品制造，机械设备除外
SU 16	Manufacture of computer, electronic and optical products, electrical equipment	计算机、电子和光学产品、电气设备制造
SU 17	General manufacturing, e.g. machinery, equipment, vehicles, other transport equipment	一般制造业，如机械、设备、车辆、其他运输设备
SU 18	Manufacture of furniture	家具制造
SU 19	Building and construction work	建筑工程

使用行业代码	使用行业英文名称	使用行业中文名称
SU 20	Health services	卫生服务
SU 23	Electricity, steam, gas water supply and sewage treatment	电力、蒸汽、燃气供水和污水处理
SU 24	Scientific research and development	科学研究与开发

附表 A.2　化学物质产品类别（欧盟 REACH 注册）

产品类别代码	产品类别英文名称	产品类别中文名称
PC 0	Other	其他
PC 1	Adhesives, sealants	黏合剂、密封剂
PC 2	Adsorbents	吸附剂
PC 3	Air care products	空气护理产品
PC 4	Anti-freeze and de-icing products	防冻和除冰产品
PC 7	Base metals and alloys	贱金属和合金
PC 8	Biocidal products (e.g. disinfectants, pest control)	生物杀灭剂产品（如消毒剂、杀虫剂）
PC 9a	Coatings and paints, thinners, paint removes	涂料和油漆、稀释剂、脱漆剂
PC 9b	Fillers, putties, plasters, modelling clay	填料、腻子、石膏、模型黏土
PC 9c	Finger paints	指画颜料
PC 11	Explosives	炸药
PC 12	Fertilisers	肥料
PC 13	Fuels	燃料
PC 14	Metal surface treatment products	金属表面处理产品
PC 15	Non-metal-surface treatment products	非金属表面处理产品
PC 16	Heat transfer fluids	导热液体
PC 17	Hydraulic fluids	液压油
PC 18	Ink and toners	墨水和墨粉
PC 19	Intermediate	中间体
PC 20	Products such as pH-requlators, flocculants, precipitants, neutralisation agents	pH 值调节剂、絮凝剂、沉淀剂、中和剂等产品
PC 21	Laboratory chemicals	实验室化学品
PC 23	Leather treatment products	皮革处理产品
PC 24	Lubricants, greases, release products	润滑剂、润滑脂、脱模产品

续表

产品类别代码	产品类别英文名称	产品类别中文名称
PC 25	Metal working fluids	金属加工液
PC 26	Paper and board treatment products.	纸张和纸板处理产品
PC 27	Plant protection products	植物保护产品
PC 28	Perfumes, fragrances	香水、香料
PC 29	Pharmaceuticals	药品
PC 30	Photo-chemicals	光化学品
PC 31	Polishes and wax blends	抛光剂和蜡混合物
PC 32	Polymer preparations and compounds	聚合物制剂和化合物
PC 33	Semiconductors	半导体
PC 34	Textile dyes, and impregnating products	纺织品染料和浸渍产品
PC 35	Washing and cleaning products	洗涤和清洁产品
PC 36	Water softeners	水软化剂
PC 37	Water treatment chemicals	水处理化学品
PC 38	Welding and soldering products, flux products	焊接和钎焊产品、助焊剂产品
PC 39	Cosmetics, personal care products	化妆品、个人护理产品
PC 40	Extraction agents	萃取剂
PC 41	Oil and gas exploration or production products	石油和天然气勘探或生产产品
PC 42	Electrolytes for batteries	电池电解液

附表 A.3 化学物质行业类别（美国 CDR）

行业代码	行业部门英文名称	行业部门中文名称
IS1	Agriculture, Forestry, Fishing and Hunting	农业、林业、渔业和狩猎
IS2	Oil and Gas Drilling, Extraction, and Support activities	石油和天然气钻探、开采和支持活动
IS3	Mining (except Oil and Gas) and support activities	采矿（石油和天然气除外）和支持活动
IS4	Utilities	公用事业
IS5	Construction	建筑
IS6	Food, beverage, and tobacco product manufacturing	食品、饮料和烟草制品制造
IS7	Textiles, apparel, and leather manufacturing	纺织品、服装和皮革制造
IS8	Wood Product Manufacturing	木制品制造

续表

行业代码	行业部门英文名称	行业部门中文名称
IS9	Paper Manufacturing	造纸
IS10	Printing and Related Support Activities	印刷和相关支持活动
IS11	Petroleum Refineries	石油炼油
IS12	Asphalt Paving, Roofing, and Coating Materials Manufacturing	沥青路面、屋顶和涂层材料制造
IS13	Petroleum Lubricating Oil and Grease Manufacturing	石油润滑油和油脂制造
IS14	All other Petroleum and Coal Products Manufacturing	所有其他石油和煤炭产品制造
IS15	Petrochemical Manufacturing	石化制造
IS16	Industrial Gas Manufacturing	工业气体制造
IS17	Synthetic Dye and Pigment Manufacturing	合成染料和颜料制造
IS18	Carbon Black Manufacturing	炭黑制造
IS19	All Other Basic Inorganic Chemical Manufacturing	所有其他基本无机化学品制造
IS20	Cyclic Crude and Intermediate Manufacturing	循环原油和中间体制造
IS21	All Other Basic Organic Chemical Manufacturing	所有其他基本有机化学品制造
IS22	Plastics Material and Resin Manufacturing	塑料材料和树脂制造
IS23	Synthetic Rubber Manufacturing	合成橡胶制造
IS24	Organic Fiber Manufacturing	有机纤维制造
IS25	Pesticide, Fertilizer, and Other Agricultural Chemical Manufacturing	杀虫剂、肥料和其他农用化学品制造
IS26	Pharmaceutical and Medicine Manufacturing	药品和医药制造
IS27	Paint and Coating Manufacturing	油漆和涂料制造
IS28	Adhesive Manufacturing	黏合剂制造
IS29	Soap, Cleaning Compound, and Toilet Preparation Manufacturing	肥皂、清洁剂和洁厕剂制造
IS30	Printing Ink Manufacturing	印刷油墨制造
IS31	Explosives Manufacturing	炸药制造
IS32	Custom Compounding of Purchased Resins	定制化的树脂混配加工
IS33	Photographic Film, Paper, Plate, and Chemical Manufacturing	摄影胶片、相纸、感光板及化学品制造
IS34	All Other Chemical Product and Preparation Manufacturing	所有其他化学产品和制剂制造

续表

行业代码	行业部门英文名称	行业部门中文名称
IS35	Plastics Product Manufacturing	塑料制品制造
IS36	Rubber Product Manufacturing	橡胶制品制造
IS37	Non-metallic Mineral Product Manufacturing (includes clay, glass, cement, concrete, lime, gypsum, and other non-metallic mineral product manufacturing)	非金属矿产品制造（包括水泥、黏土、混凝土、玻璃、石膏、石灰和其他非金属矿产品制造）
IS38	Primary Metal Manufacturing	基础金属制造
IS39	Fabricated Metal Product Manufacturing	金属制品加工制造
IS40	Machinery Manufacturing	机械制造
IS41	Computer and Electronic Product Manufacturing	计算机和电子产品制造
IS42	Electrical Equipment, Appliance, and Component Manufacturing	电气设备、器具和零部件制造
IS43	Transportation Equipment Manufacturing	运输设备制造
IS44	Furniture and Related Product Manufacturing	家具及相关产品制造
IS45	Miscellaneous Manufacturing	杂项制造
IS46	Wholesale and Retail Trade	批发和零售贸易
IS47	Services	服务
IS48	Other (requires additional information)	其他（需要更多信息）
NKRA	Not Known or Reasonably Ascertainable	未知或无法合理确定

附表 A.4　化学物质产品类别（美国 CDR）

类别代码	消费品和商业产品类别英文名称	消费品和商业产品类别中文名称
家具、清洁、护理产品中的化学物质		
C101	Floor Coverings	地板覆盖物
C102	Foam Seating and Bedding Products	泡沫座椅和床上用品
C103	Furniture and Furnishings not covered elsewhere	其他地方未涵盖的家具和家饰
C104	Fabric, Textile, and Leather Products not covered elsewhere	其他地方未涵盖的织物、纺织品和皮革产品
C105	Cleaning and Furnishing Care Products	清洁和家具护理产品
C106	Laundry and Dishwashing Products	洗衣和洗碗产品
C107	Water Treatment Products	水处理产品
C108	Personal Care Products	个人护理产品

续表

类别代码	消费品和商业产品类别英文名称	消费品和商业产品类别中文名称
C109	Air Care Products	空气护理产品
C110	Apparel and Footwear Care Products	服装和鞋类护理产品
建筑、油漆、电气和金属产品中的化学物质		
C201	Adhesives and Sealants	黏合剂和密封剂
C202	Paints and Coatings	油漆和涂料
C203	Building/Construction Materials - Wood and Engineered Wood Products	建筑/施工材料——木材和工程木制品
C204	Building/Construction Materials not covered elsewhere	其他地方未涵盖的建筑/施工材料
C205	Electrical and Electronic Products	电气和电子产品
C206	Metal Products not covered elsewhere	其他地方未涵盖的金属产品
C207	Batteries	电池
包装、纸张、塑料、玩具、兴趣产品中的化学物质		
C301	Food Packaging	食品包装
C302	Paper Products	纸制品
C303	Plastic and Rubber Products not covered elsewhere	其他地方未涵盖的塑料和橡胶制品
C304	Toys, Playground, and Sporting Equipment	玩具、游乐场和运动器材
C305	Arts, Crafts, and Hobby Materials	艺术、工艺品和业余爱好材料
C306	Ink, Toner, and Colorant Products	墨水、碳粉和着色剂产品
C307	Photographic Supplies, Film, and Photochemicals	摄影用品、胶片和光化学品
汽车、燃料、农业、户外用品中的化学物质		
C401	Automotive Care Products	汽车护理产品
C402	Lubricants and Greases	润滑剂和油脂
C403	Anti-Freeze and De-icing Products	防冻和除冰产品
C404	Fuels and Related Products	燃料及相关产品
C405	Explosive Material	爆炸物
C406	Agricultural Products (non-pesticidal)	农产品（非杀虫剂）
C407	Lawn and Garden Care Products	草坪和花园护理产品
其他代码中未描述的产品中的化学物质		
C909	Other (specify)	其他（请注明）
C980	Non-TSCA Use	非 TSCA 使用

附表 A.5 化学物质功能类别（美国 CDR）

功能类别代码	功能类别英文名称	功能类别中文名称
U001	Abrasives	磨料
U002	Adhesives and sealant chemicals	黏合剂和密封剂化学品
U003	Adsorbents and absorbents	吸附剂和吸收剂
U004	Agricultural chemicals (non-pesticidal)	农药（非杀虫剂）
U005	Anti-adhesive agents	抗黏剂
U006	Bleaching agents	漂白剂
U007	Corrosion inhibitors and anti-scaling agents	缓蚀剂和防垢剂
U008	Dyes	染料
U009	Fillers	填充剂
U010	Finishing agents	整理剂
U011	Flame retardants	阻燃剂
U012	Fuels and fuel additives	燃料和燃料添加剂
U013	Functional fluids (closed systems)	功能性液体（封闭系统）
U014	Functional fluids (open systems)	功能性流体（开放系统）
U015	Intermediates	中间体
U016	Ion exchange agents	离子交换剂
U017	Lubricants and lubricant additives	润滑剂和润滑剂添加剂
U018	Odor agents	气味剂
U019	Oxidizing/reducing agents	氧化剂/还原剂
U020	Photosensitive chemicals	光敏化学品
U021	Pigments	颜料
U022	Plasticizers	增塑剂
U023	Plating agents and surface treating agents	电镀剂和表面处理剂
U024	Process regulators	加工调节剂
U025	Processing aids, specific to petroleum production	加工助剂，石油生产专用
U026	Processing aids, not otherwise listed	加工助剂，未另列出者
U027	Propellants and blowing agents	推进剂和发泡剂
U028	Solids separation agents	固体分离剂
U029	Solvents (for cleaning or degreasing)	溶剂（用于清洁或脱脂）
U030	Solvents (which become part of product formulation or mixture)	溶剂（成为产品配方或混合物的一部分）

续表

功能类别代码	功能类别英文名称	功能类别中文名称
U031	Surface active agents	表面活性剂
U032	Viscosity adjustors	黏度调节剂
U033	Laboratory chemicals	实验室化学品
U034	Paint additives and coating additives not described by other categories	其他类别未说明的油漆添加剂和涂料添加剂
U999	Other (specify)	其他（请注明）

附录 B 化学物质功能类别

附表 B.1 OECD 制定的功能类别与定义

序号	功能	定义
1	研磨剂	用于研磨、平滑或抛光物体的化学物质。通过与表面摩擦，去除表面的瑕疵，从而达到光滑、刮擦、擦洗、清洁、磨损或抛光表面的目的。可用于蚀刻和物理干蚀刻等工艺。通常为硬质物质的细粉末状，如砂石、浮石、石英、硅酸盐、氧化铝和玻璃。参见密切相关术语：蚀刻剂
2	吸收剂	用于通过同化作用保留其他物质的化学物质。参见密切相关术语：吸附剂
3	附着力/黏合力促进剂	无机或有机、天然或合成的化学物质，用于将对立面相互连接在一起；促进其他物质之间的黏合；促进表面的附着力；或将其他材料固定在一起。也称为胶水、浆糊、耦合剂、树胶、黏合剂、黏结剂、内涂层和锚涂层
4	吸附剂	用于将其他物质积聚在其表面而将其保留下来的化学物质；具有较大的表面积，可从另一种介质中吸附溶解或精细分散的物质。参见密切相关术语：吸收剂；脱水剂
5	增氧剂和脱氧剂	影响材料中空气或气体含量的化学物质
6	合金元素	添加到材料/金属中以改变强度、硬度等性能或便于处理的化学物质
7	防黏剂/黏合剂	防止或减少材料自身或与另一种材料黏合的化学物质；通过阻止表面附着来防止其他物质之间的黏合；具有与黏合剂对立的功能。也称为脱模剂、分离剂、防黏剂、防滑剂、外部润滑剂、防尘油或除尘剂
8	抗结块剂	防止颗粒或微粒材料在转移、储存或使用过程中粘连或结块的化学物质。参见密切相关术语：解絮剂
9	抗凝结剂	用于避免表面和大气凝结的化学物质或材料。也称为防雾剂或凝结清除剂
10	防冻剂	添加到液体（尤其是水）中以降低混合物冰点的化学物质；或用于表面以融化或防止结冰的化学物质。如防冻液、挡风玻璃除冰剂、飞机除冰剂、解锁剂、融冰晶体和岩盐
11	抗氧化剂	防止氧化、酸败、变质和胶化的化学物质。通过抑制配方中成分的氧化降解来保持成品的质量、完整性和安全性。也称为氧化抑制剂或抗结皮剂
12	抗再沉积剂	防止污垢和油脂在清洁表面重新沉积，或有助于防止污垢在去除后在洗涤水中重新沉积到衣物上的化学物质。防再沉积剂是水溶性的，通常带负电荷
13	防结垢剂	添加到产品中以防止无机氧化沉积物积聚的化学物质。防止或清除水垢和污垢。也称为除垢剂或除垢剂。不是缓蚀剂。垢的形成可能是由盐或矿物质沉积造成的，不一定会导致表面腐蚀
14	防滑剂	用于增强两个物体之间摩擦力的化学物质。也称为摩擦剂

续表

序号	功能	定义
15	防污剂	在软质表面清洁剂和保护剂中起阻污和防污作用的化学物质。也称为抗污释放剂
16	抗静电剂	防止或减少材料积累静电的倾向，或通过减少材料获得电荷的倾向来改变其电气特性的化学物质。常用于柴油燃料中以防止静电积聚。也称为电荷稳定剂
17	抗撕裂剂	一种用于增强蒸发或减少薄膜形成的化学物质，以防止清洁过程中在表面形成条纹。也称为薄膜减少剂
18	黏合剂	一种化学物质，通常为合成/聚合树脂，可进一步聚合以提供结构性和黏合性，或作为添加到复合干粉中的物质，以在压制过程中和压制后提供黏附性能，用于制造片剂或固体块体。也称为黏合剂或树脂
19	生物杀灭剂	用于防止、中和、破坏、驱除或减轻任何害虫或微生物（包括真菌细胞）影响的化学物质；可减少存在的微生物数量。也称为消毒剂、杀虫剂、除草剂、杀鼠剂、防霉剂、抗菌剂、园艺喷油剂、非农业用杀虫剂或植物保护活性物质。不包括：防腐剂或保存剂
20	漂白剂	通过化学反应使基质变亮或变白的化学物质，通常涉及氧化或还原过程，以使颜色系统脱色或降解。这一过程可能通过破坏共轭链中的一个或多个双键、切断共轭链，或氧化共轭链中的其他基团来实现。参见密切相关术语：增白剂
21	增白剂	用于使织物和纸张增亮、增白或提升颜色外观的化学物质，通常通过吸收电磁光谱中紫外线和紫光区域（340~370 nm）的光，并重新发射蓝光区域（420~470 nm）的光来实现。这种效果通过增加反射的蓝光总量产生"增白"效果。该物质在基质上呈光学无色，且不吸收可见光区域的光。也称为增亮剂、荧光增白剂、光学增白剂或增白剂。参见密切相关术语：漂白剂、光敏剂
22	催化剂	加速预期化学反应速率但在反应完成时保持其原始状态的化学物质。请参阅密切相关术语：化学反应调节剂
23	链转移剂	终止分子链增长并形成新自由基的化学物质，该自由基可作为新链的引发剂
24	螯合剂	通过与单个金属离子形成两个或多个配位键而与金属离子络合并使其失活的化学物质。在第一个配位键之后，每个相继结合的供体原子都会形成一个含有金属离子的环；这种循环结构称为螯合络合物或螯合物。用于硬水地区的洗涤溶液（灭活钙和镁，软化水）。通过形成一配位络合物来去除溶液和土壤中的离子，这种络合物可以在没有进一步相互作用的情况下被去除。通过络合每个离子周围的杂质来稳定金属离子，从而清除金属上的氧化膜。也称为螯合剂、络合剂、氯清除剂或构建剂
25	化学反应调节剂	用于改变化学反应速率、启动或停止反应或以其他方式影响反应进程的化学物质。可被或不被吸收或成为反应产物的一部分。也称为加速剂、活化剂、抑制剂、交联剂、引发剂、酶、放热调节剂、溶解剂、泡沫催化剂、聚合物交联剂、橡胶加速活化剂、缓凝剂、短停剂或硫化剂。参见密切相关术语：催化剂和终止剂/阻断剂
26	清洁剂	用于清除或分解表面的污垢、污渍及杂质，将其分解成更小、更易溶的碎片以便清除的化学物质；如酶、其他微生物清洁剂、氧化物和硫化物。不包括：研磨剂、螯合剂、防垢剂、清洁剂、发泡剂、溶剂、肥皂、皂垢去除剂、表面活性剂或增白剂
27	云点抑制剂	能够降低固体从液体中析出温度的化学物质，使其在比通常允许的温度更低的条件下开始析出

续表

序号	功能	定义
28	聚结助剂	用于聚合物乳液的化学物质,通过降低玻璃化转变温度(T_g)从而降低最低成膜温度(MFT),并在挥发后形成坚硬的薄膜。常用于抛光剂,例如乙二醇、醚类、吡咯烷类和苯甲酸酯类。也称为最低成膜温度(MFT)调节剂
29	导电剂	用于传导电流的化学物质。也称为电解质或电极材料
30	缓蚀剂	用于润滑剂和其他金属处理产品,为使用润滑剂的基材或表面提供保护。也称为腐蚀抑制添加剂、防锈剂、防腐剂或防锈剂
31	晶体生长调节剂(成核剂)	用于减少或增加晶体生长的化学物质
32	消絮凝剂	在加工或处理过程中,用于流化浓缩浆料以降低其体积黏度或黏性的化学物质。参见密切相关术语:防结块剂
33	消泡剂	用于控制泡沫、防止泡沫形成、分解已形成的泡沫以及减少蛋白质、气体或含氮物质引起的泡沫的化学物质。减少成品在摇晃或搅拌时产生泡沫的趋势。材料的消泡能力取决于它是否能集中在现有气泡或正在形成的气泡表面,而破坏其周围的连续液体膜。用作加工助剂,可改善多种类型悬浮液、混合物和泥浆的过滤、脱水、洗涤和排水。也称为消泡剂
34	脱水剂(干燥剂)	用于吸收和去除气体或液体中的水分,以产生或保持干燥状态的化学物质。通常为吸湿材料。参见密切相关术语:保湿剂;吸附剂
35	破乳剂	用于破坏乳状液或防止其形成的化学物质
36	密度调节剂	改变材料密度的化学物质。也称为密度调节剂。参见密切相关术语:黏度调节剂;增稠剂
37	除臭剂	减少或消除难闻气味并防止身体表面形成恶臭的化学物质。当两种有异味的物质按一定比例混合后,混合物产生的异味强度小于这两种成分的强度时,就会产生反作用,有时也称为中和作用。也称为除臭剂
38	稀释剂	通常以挥发性液体形式存在的化学物质,其主要作用是降低配方中其他成分的浓度,或改变稠度或其他特性。该术语最常用于液体制剂,而填充剂则用于固体或粉末制剂。也称为稀释剂或矿物油精。参见密切相关术语:溶剂
39	分散剂	添加到悬浮介质或悬浮液中的化学物质,用于改善颗粒的分离;确保适当的分散;防止沉淀或结块;促进单个极细固体颗粒或液滴(通常为胶体大小)的均匀和最大程度的分离。用于染料的分散,以确保均匀着色。也称为防沉剂、固体分离剂或悬浮剂。不包括:表面活性剂
40	催干剂	可加速油漆、墨水等干燥的化学物质。通常为有机金属化合物。参见密切相关的:吸附剂;脱水剂。例如:金属皂,用作促进涂料硬化的干燥剂。不包括:固化剂
41	抑尘剂	用于控制细粒固体颗粒以减少其向空气中排放的化学物质。也称为粉尘结合剂
42	撒布剂	在材料(如橡胶)表面撒粉以减少表面黏性的化学物质。也称为解黏剂
43	染料	用于给其他材料或混合物着色的化学物质。分子分散在液体中,转移到材料上,并通过分子间作用力与材料结合。通常为有机物质,但也有例外。也称为着色剂。参见密切相关术语:颜料

续表

序号	功能	定义
44	弹性剂	增加材料弹性的化学物质
45	生物防腐剂	一种用于保存生物组织的化学物质，例如防腐液、动脉液、腔体液和表面防腐液。不包括：生物杀灭剂或保存剂
46	乳化剂	用于确保油和水的浓稠混合物保持成分均匀分布而不分离的化学物质。如果没有乳化剂，液体就会分离成两部分或两相。乳化剂用于配制乳液，如织物柔软剂、膏霜、乳液和许多食品。乳化剂既有亲脂成分，也有亲水成分。参见密切相关术语：表面活性剂
47	能量释放剂（炸药、动力推进剂）	化学物质，其特点是化学性质稳定，但在没有外界氧气源的情况下，可诱发快速化学变化，迅速产生大量能量和气体，并伴随着体积的大幅增加和爆炸、爆裂或膨胀。也称为爆破剂、雷管、燃烧剂或烟火剂
48	蚀刻剂	通过化学作用清除金属或玻璃表面未受保护区域的化学物质。通常是酸或碱。用于化学铣削、工业蚀刻、电蚀刻、光化学加工、光化学铣削、光蚀刻、酸蚀刻、气相蚀刻等工艺
49	防爆剂	用于降低易燃材料爆炸可能性的化学物质
50	填充剂	为填充干产品配方和降低其他成分浓度而添加的化学物质。一种细小的物质，通常用于增加体积，有时也用于改善所需的特性，如白度、稠度、润滑性、密度或拉伸强度。用于增加体积、增加强度、提高硬度或改善抗冲击性。用于延长材料的使用寿命，并通过最大限度地减少物品生产过程中使用的昂贵物质来降低成本。相对惰性，通常为非纤维状。也称为膨松剂、颜料扩展剂、惰性填充剂或抗冲改性剂
51	成膜剂	用于在基材上形成连续薄片的化学物质，可起到阻隔环境的作用。有机硅是家具上光剂的良好成膜剂，因为它易于使用、去污和光泽度。聚合物是最常用的成膜剂。也称为干燥油
52	灭火剂	一种化学物质，可在燃烧开始后减缓燃烧速度；以比释放热量更快的速度带走热量；分离燃料和氧化剂；和/或稀释燃料和氧化剂的气相浓度，使其低于燃烧所需的浓度
53	固色剂（媒染剂）	用于与纤维上的染料相互作用以提高牢度的化学物质。也称为染料转移抑制剂
54	阻燃剂	改变塑料、橡胶、纺织品、纸张和木材等正常降解或燃烧过程的化学物质。用于可燃材料的表面或掺入可燃材料中，以减少或消除其在短时间内暴露于热或火焰时的引燃倾向。用于提高燃点；和/或减缓或防止燃烧
55	调味剂和营养剂	用于食品、动物饲料和一些非食品产品的化学物质，以产生或改变味道、气味或营养价值。用于刺激人体味觉化学感官或提高营养价值。也称为调味剂或苦味剂（变性剂）；维生素或矿物质
56	絮凝剂	通过作用于颗粒表面，在分子水平上减少排斥力和增加吸引力，从而促进液体中悬浮固体絮凝的化学物质。絮凝剂是一种化学添加剂，与固相重量相比，其含量相对较低，可增加悬浮液的絮凝程度。主要用于帮助固液分离。也称为凝聚剂
57	浮选剂	用于将目标物质或材料浓缩在液体混合物表面以进行后续分离的化学物质。用于从矿石中获取矿物；在水澄清器中使从水体中分离出来的悬浮物质上浮；在脱墨工艺中去除墨水。也称为浮选油或浮选抑制剂
58	流动促进剂	减少运动中的流体以及流体与导管表面之间阻力的化学物质

续表

序号	功能	定义
59	助熔剂	用于促进矿物熔化或防止氧化变形的化学物质。用于铸造或连接材料。也称为焊接剂或钎焊剂
60	发泡剂	促进或增强形成泡沫（如气体在液体或固体中的分散）的化学物质。用于通过压缩气体膨胀或液体汽化等物理方式，或通过分解气体等化学方式，在塑料或橡胶材料中形成泡沫或蜂窝状结构。也可称为膨胀剂、起泡剂或泡沫促进剂
61	香料	用于控制气味或赋予愉悦气味的化学物质。香料化合物是刺激人类嗅觉化学感官的分子
62	冻融添加剂	合成树脂乳液或合成网格中使用的化学物质，用于使油漆、涂料和其他产品在使用前经过冷冻和解冻时保持原有的稠度并防止凝结
63	燃料	通过化学反应产生机械能或热能的化学物质。用于在受控燃烧反应中产生能量
64	燃油剂	添加到燃料中以改善燃烧、限制不良燃烧产物产生的化学物质，如燃烧加速剂、十六烷值改进剂、抗爆剂。不包括：缓蚀剂、润滑剂、抗氧化剂、臭味剂或清净剂
65	固化剂	用于提高涂料、黏合剂、密封剂、弹性体和其他产品的强度、硬度和耐磨性的化学物质
66	热稳定剂	通过侵蚀、熔化或蒸发过程散热，保护聚合物等基材免受热降解影响的化学物质。也称为烧蚀剂
67	热传导剂	用于传递或去除另一种材料热量的化学物质，如冷却剂、加热剂、表面冷却剂和冷却剂
68	保湿剂	用于延缓产品在使用过程中水分流失的化学物质，一般由吸湿材料完成。保湿剂的功效在很大程度上取决于环境相对湿度。参见密切相关术语：脱水剂（干燥剂）
69	液压油	化学物质，通常为液态或气态，用于传递压力和极压（EP）添加剂；以及在液压机械中传递动力。也称为压力传递剂，如液压/传动液、制动液、动力转向液和减震器
70	浸渍剂	用于与固体材料混合并保持其原有形态的化学物质。也称为夹带辅助剂
71	白炽剂	用于在高温下发射电磁辐射的化学物质
72	绝缘剂	用于防止或抑制热、电流、光和声音在两种介质之间流动的化学物质。声绝缘体、电绝缘体和热绝缘体，如绝缘液、耐电材料和胶囊剂
73	中间体	为在工业加工设施中制造其他化学物质而在反应中消耗的化学物质。由反应物（直接或间接）形成，并进一步反应生成（直接或间接）化学反应产物
74	离子交换剂	通常以固体基质形式存在的化学物质，通过吸附溶液中特定电荷的离子（阳离子或阴离子），并将等量的其他相同电荷的离子置换/释放到溶液中，从而选择性地去除溶液中的目标离子
75	浸出剂	化学物质，加入溶剂后可帮助溶解不溶性固体混合物中的某一成分。用于将某些成分从固相萃取到液相中。参见密切相关术语：溶解度增进剂
76	润滑剂	引入两个运动表面或相邻固体表面之间的化学物质，以减少它们之间的摩擦、提高效率、减少磨损和降低发热。通过减少摩擦表面之间的接触，降低摩擦力，从而增强其他物质的润滑性，使其易于剪切

续表

序号	功能	定义
77	磁性元件	添加到材料中使其具有磁性的化学物质
78	单体	通常含碳的化学物质，分子量低，结构简单，可通过与自身或其他类似分子的重复组合转化为聚合物、合成树脂或人造橡胶
79	不透明剂	使溶液不透明的化学物质；降低透明度或光线透过溶液的能力；添加到成品中以降低其清澈或透明的外观
80	氧化剂	在与还原剂反应过程中获得电子的化学物质。氧化剂通常为其他物质提供氧气。也称为氧化剂
81	pH 调节剂	用于改变、稳定或控制 pH 值（氢离子浓度）在所需范围内的化学物质。也称为缓冲剂、pH 调整剂或中和剂
82	感光剂	由于吸收光子、带电粒子或化学物质（如紫外线）而直接发出可见辐射，并在刺激辐射停止后不再发出辐射的化学物质。也称为发光剂或荧光剂。参见密切相关术语：增白剂
83	光敏剂	吸收电磁辐射并将能量转移到其他材料上，使其容易发生化学变化的化学物质，如活化照相乳剂和光刻胶
84	颜料	化学物质，通常为干粉状，具有正着色力，通过结合或黏附作用附着在基材表面，从而使另一种物质或混合物着色。可增加不透明度、耐久性和耐腐蚀性，并可散射和吸收光线。 比分子粒径大，并通过相应的低流动性固定在原位。颜料与染料的不同之处在于它们不溶于载体，在涂料中以分散的化合物而不是溶质的形式存在
85	增塑剂	软化合成聚合物的化学物质。通过对聚合物分子进行内部改性（溶解），添加到高聚物中以促进加工，并增加最终产品的柔韧性、可塑性、流动性和韧性。硬质聚合物也可通过添加增塑剂进行外部增塑，增塑剂可赋予所需的柔韧性，但不会通过与聚合物反应而发生化学变化
86	电镀剂	用作金属或无机化合物来源的化学物质，可沉积在另一表面或帮助沉积。用于电镀、镀锌、涂层、磷化处理、铬化处理、黑色氧化涂层、阳极氧化、扩散处理、渗碳、氮化和碳氮化等工艺。也称为镀锌剂或涂层剂
87	聚合促进剂	能使两种或两种以上不同聚合物发生反应，使它们比以前更紧密混合的化学物质
88	防腐剂	用于消除或减少微生物生长的化学物质，以防止腐烂、分解、变色或腐败，并在整个保质期内保持产品性能；例如：食品防腐剂；木材防腐剂；化妆品防腐剂；药物防腐剂。不包括：杀生物剂或生物防腐剂。然而，一些组织将防腐剂视为杀生物剂的一个子集
89	未另作规定的加工助剂	添加到加工过程或待加工物质或混合物中，用于改善加工特性或加工设备运行的化学物质。不成为反应产物的一部分，也不在反应产物中发挥作用。不影响物质或制品的功能；如脱模剂
90	非动力推进剂（发泡剂）	用于将产品从加压容器中排出的化学物质。用于溶解或悬浮其他物质，并以气溶胶的形式将这些物质从容器中排出或赋予细胞结构。通过液化或压缩气体的膨胀，在释放内部压力时提供必要的力，以排出气雾剂容器中的内容物。加压容器中的配制产品可能是溶液、乳液或悬浮液

续表

序号	功能	定义
91	还原剂	在与氧化剂反应时失去电子的化学物质。在化学反应中作为电子供体,向其他物质提供氢或去除氧
92	制冷剂	用于空调机、冰箱和步入式冰柜等机器内的化学物质,用于冷却室内空气和降低温度
93	密封剂(阻隔)	用于填充空间(如两个基材之间的接缝、间隙或空腔)并防止水分或空气渗入的化学物质,如胶泥密封剂。不是涂层材料的密封剂,参见固化剂
94	半导体和光伏剂	电阻率介于绝缘体和金属之间的化学物质,通常可通过光、热、电场或磁场发生变化。在辐射能的作用下产生电动势。用于制造电子元件和电子设备,如晶体管和二极管;如半导体材料和液晶材料
95	上浆剂	用于基材(如织物、纱线、纸制品或石膏)的化学物质,以提高耐磨性、刚度、强度、平滑度或减少吸水性
96	软化剂和调节剂	用于软化材料的物质,以改善手感,便于整理加工,或赋予柔韧性或可加工性;用于纺织品整理,以赋予织物更佳的"手感",便于机械加工;具有赋予可洗涤纺织品柔软性和柔韧性的能力。例如:织物柔软剂、织物护理剂、调理剂和保湿剂
97	土壤改良剂	用于提高农作物、植物和森林的产量和质量的化学物质。添加到土壤中以促进植物更好地生长。包括肥料、营养添加剂和土壤改良剂
98	固体分离(沉淀)剂,另有规定的除外	用于促进悬浮固体与液体分离的化学物质,如脱水助剂和排水助剂。不包括:絮凝剂;或浮选剂
99	溶解性增强剂	防止化学品或材料从溶液中分离或脱落并增加浓缩溶液中溶质浓度的化学物质。常用于浓缩配方。参见密切相关术语:浸出剂
100	溶剂	主要用于溶解另一种物质(溶质),以形成分子或离子大小均匀分散的混合物(溶液)的化学物质;用于悬浮固体颗粒或胶体材料,以产生悬浮液或凝胶,提供稳定配方所需的溶解能力;用于溶解配方中的某些成分,以帮助成分的分散;用于帮助提高油的清洁能力和控制薄膜的干燥速度;用于溶解表面的污垢并促进清除。用于溶解、稀释和萃取。参见密切相关术语:稀释剂
101	稳定剂	使化合物、溶液或混合物不改变其形态或化学性质的化学物质。使溶液、混合物、悬浮液或状态不易发生化学变化。用于防止或减缓材料的自发变化和老化
102	表面改良剂	可添加到其他成分中的化学物质,用于调整与材料表面相关的光学特性,如影响光泽、增加光泽度和改变表面的反射率。也称为流平剂、抛光剂、折射率调节剂、表面涂层剂、平整剂或光泽剂
103	表面活性剂	添加到水中后,具有表面活性并能降低水的表面张力,促进另一种材料表面的渗透或铺展,降低两种液体之间、液体与固体之间或液体与空气之间的界面张力的化学物质。参见密切相关术语:乳化剂、润湿剂。注意,添加到水中的水性润湿剂也包括在这一类别中。由于非水性润湿剂不添加到水中,因此新增了非水性润湿剂类别
104	膨胀剂	添加到材料中以增加材料体积并变得更软的化学物质
105	未另作规定的鞣剂	用于处理或预处理皮革材料(如灰毛和毛皮)的化学物质,不包括在其他功能类别中;如皮革油、脱脂剂、脂肪液化剂和脱灰剂

续表

序号	功能	定义
106	终止剂/阻断剂	与生长中的聚合物链末端发生反应，阻止进一步聚合的化学物质（终止剂），或在有机合成产品的过程中用于保护前体上反应分子的物质，该物质随后被去除，使反应分子再生（阻断剂）。参见密切相关术语：化学反应调节剂
107	增稠剂	用于形成混合物的固体或半固体分散体，或增加液体混合物和溶液的黏度，并通过其乳化特性在不改变其他特性的情况下帮助保持稳定的化学物质，通常具有亲水性。可分为四类：①淀粉、树胶、酪蛋白、明胶和植物胶体；②半合成纤维素衍生物（如羧甲基纤维素）；③聚乙烯醇和羧乙烯酯（合成）；④膨润土、硅酸盐和胶体二氧化硅。在较低温度下还可能具有疏水性。也称为流变改性剂；黏度指数改进剂。参见密切相关术语：密度调节剂和黏度调节剂
108	示踪剂	具有易于检测的放射性/同位素标记或化学部分的化学物质，将其添加到生物/环境介质或化学反应中，以阐明正在发生的转化/运输过程
109	紫外线稳定剂	保护产品免受紫外线引起的化学或物理劣化的化学物质。吸收紫外线辐射，从而保护包括清漆、颜料和某些聚合物在内的产品免受紫外线降解。也称为紫外线吸收剂或光稳定剂
110	蒸气压力调节剂	添加到液体中以改变其蒸气压并减少蒸发的化学物质
111	黏度调节剂	用于改变另一种物质黏度的化学物质。用于降低或增加成品的黏度；改变其他物质或添加了它们的混合物的流动特性；控制蜡制品的变形或流动能力。高分子量的预聚物树脂和活性前体树脂通常会降低黏度，而增稠剂（如树胶和羟乙基纤维素）则会增加黏度。热塑性树脂受热后会软化，在室温下会恢复原状，而热固性树脂受热后会因交联而不可逆地凝固。也称为黏度控制剂。参见密切相关术语：密度调节剂、胶凝调节剂、增稠剂
112	防水剂	通过形成水珠来降低表面能以保护表面免受水侵蚀的化学物质。也称为疏水剂
113	润湿剂（非水性）	通过降低表面张力，促进有机液体在固体材料上形成涂层的化学物质。注意，该化学物质不添加到水中。添加到水中的润湿剂（水性润湿剂）属于表面活性剂（表面活性剂）类别
114	抗皱剂	用于增强纺织品、纸张和皮革抗皱性的化学物质
115	X射线吸收剂	用于阻挡或衰减X射线的化学物质
116	无特定技术功能	无预定功能的化学物质。如果没有选择特定的技术功能，则应写入功能。（如加工助剂留在物品基体中，但在使用寿命期间不发挥任何技术功能）
117	其他	用于消费、商业或工业用途的产品中所含的化学物质，不属于其他产品类别